华章图书

一本打开的书，一扇开启的门，

通向科学殿堂的阶梯，托起一流人才的基石。

数据库技术丛书

Mastering LevelDB

精通LevelDB

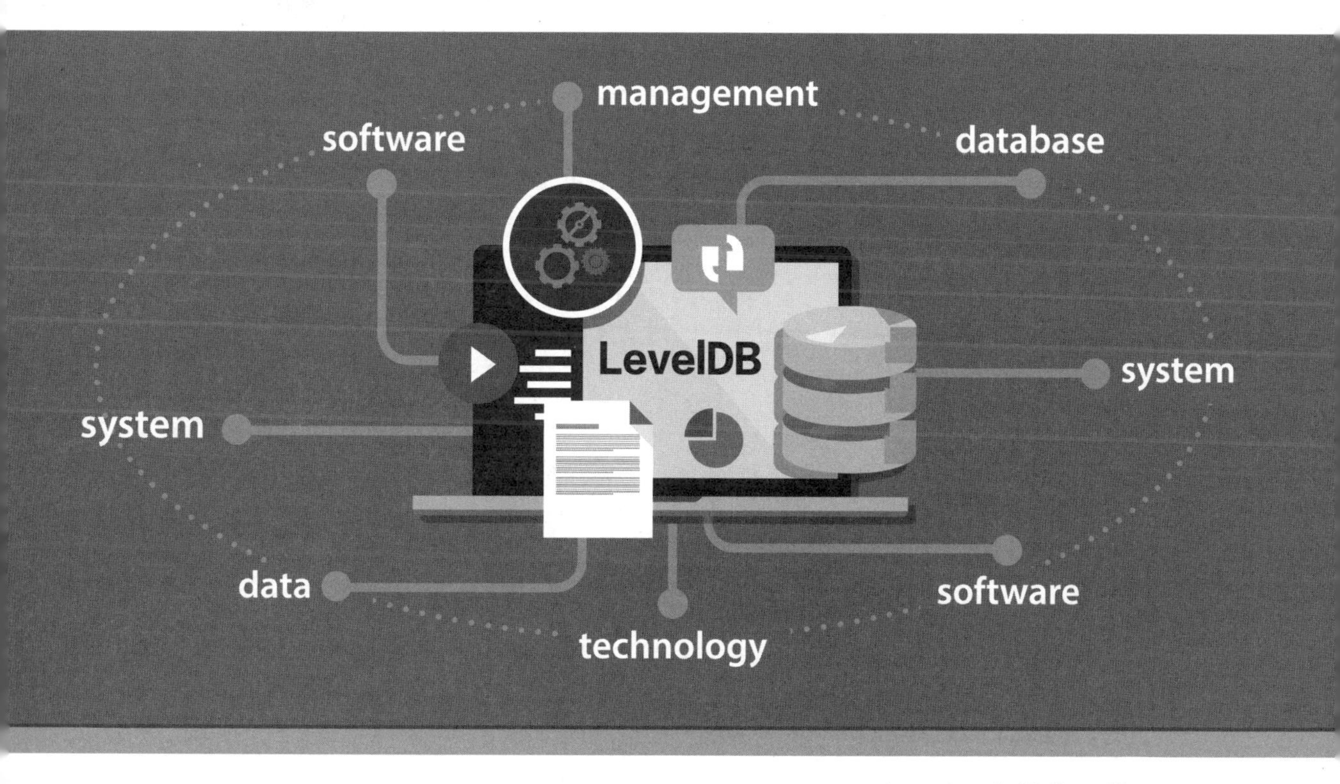

廖环宇 张仕华 著

图书在版编目（CIP）数据

精通 LevelDB/ 廖环宇，张仕华著 . -- 北京：机械工业出版社，2021.11
（数据库技术丛书）
ISBN 978-7-111-69326-0

I. ①精… II. ①廖… ②张… III. ①软件工具 - 数据库系统 - 程序设计 IV. ① TP311.56

中国版本图书馆 CIP 数据核字（2021）第 213727 号

精通 LevelDB

出版发行：机械工业出版社（北京市西城区百万庄大街 22 号 邮政编码：100037）
责任编辑：高婧雅　　责任校对：殷 虹
印　　刷：中国电影出版社印刷厂　　版　　次：2022 年 1 月第 1 版第 1 次印刷
开　　本：186mm×240mm 1/16　　印　　张：13.25
书　　号：ISBN 978-7-111-69326-0　　定　　价：79.00 元

客服电话：（010）88361066 88379833 68326294　　投稿热线：（010）88379604
华章网站：www.hzbook.com　　读者信箱：hzjsj@hzbook.com

Preface 前　言

为什么要写这本书

笔者在滴滴工作期间，公司某团队实现了一个兼容 Redis 协议的分布式 NoSQL 数据库 Fusion。Fusion 是构建在 SSD 磁盘上的存储服务，底层使用存储引擎 RocksDB 来保存数据。因为兼容 Redis 协议，所以在数据量特别大的一些场景下，我们开始使用 Fusion 替代之前使用的 Redis。

RocksDB，是一个基于 LevelDB 开发、实现持久性键 - 值存储的 C++ 库。而 LevelDB 则是由 Google 的 Jeff Dean 与 Sanjay Ghemawat 于 2011 年开发完成并且开源的键 - 值嵌入式 C++ 库。

虽然同属键 - 值存储，但 Redis 是一个基于内存的数据存储引擎，而 LevelDB 会将数据写入硬盘。出于好奇，笔者业余时间开始阅读 LevelDB 的源码并零零散散写了一些文章。由于之前写作《 Redis 5 设计与源码分析》一书时结识了高婧雅编辑，而高编辑跟进的一本 LevelDB 源码分析的书籍正好需要一名合著者。于是，本书就这样诞生了。

本书特色

虽然国内各大互联网厂商有各类基于 LevelDB（或者 RocksDB）的分布式键 - 值存储，但还没有一本系统分析 LevelDB 实现原理的中文书籍。本书首先介绍 LevelDB 的基本使用，然后介绍 LevelDB 的三大基本操作——读取、写入及删除，接着详细介绍 LevelDB 中的公用基础类，包括文件操作、数值编码、内存管理等。掌握这些基础之后，开始分模块介绍 LevelDB 的实现，包括 Log 模块、MemTable 模块以及 SSTable 模块，最后介绍 LevelDB 中层级的原理以及如何管理各个层级。

通过阅读本书，读者会对很多问题有更加深入的了解，例如：

- 如何实现快照读取；
- Redo Log（重做日志）如何设计；
- LevelDB 为何会分多个层级；
- LSM 树到底是什么，为何该数据结构适用于写多读少的场景。

许多底层知识其实是相通的，我们常用的关系型数据库 MySQL 也有重做日志，也有快照读取。

LevelDB 中的 SSTable 在各种存储引擎中得到了广泛的应用，包括 HBase、Cassandra 等。LevelDB 中的布隆过滤器、归并排序以及 LRU Cache 等结构更是大量应用于各种场景。

学习 LevelDB，不仅能了解如何设计高性能键 – 值存储，还能加深对数据库实现的整体认知，同时对各种数据结构的实现和使用场景有更加直观的了解。

读者对象

- 数据库从业人员
- 应用开发人员
- 计算机相关专业学生
- 对数据库技术感兴趣的人员

如何阅读本书

本书从逻辑上分为两大部分。

第一部分着重讲解 LevelDB 的基础知识。

第 1 章介绍 LevelDB 的诞生、特性及其衍生产品。

第 2 章介绍 LevelDB 的基本数据结构，了解这些基本数据结构有助于对后续知识的理解。阅读本章，也可以加深对比较器、迭代器等常见数据结构的理解。

第 3 章介绍 LevelDB 的基本使用，包括数据库打开、关闭以及基本的读写操作。

第 4 章介绍 LevelDB 的总体架构与设计思想，通过本章可以了解 LevelDB 的模块组成。

第 5 章介绍 LevelDB 的公用基础类，帮助读者了解在 LevelDB 中如何实现数值编码、内存管理以及文件读取等。

第二部分着重讲解 LevelDB 各模块的实现细节。

第 6 章介绍 LevelDB 中 Log 模块的实现细节，以及如何从 Log 文件恢复并生成一个 MemTable。

第 7 章介绍 LevelDB 中 MemTable 模块的实现细节，以及 MemTable 超过内存阈值时如何生成一个 SSTable。

第 8 章介绍 LevelDB 中 SSTable 模块的实现细节。

第 9 章介绍 LevelDB 中的 Compaction 原理与多版本管理。

附录简要介绍 RocksDB 对 LevelDB 的优化。

通过阅读本书，不只可以熟悉 LevelDB 的底层原理，还可以加深对整个数据库实现的了解。

勘误和支持

由于笔者水平有限，编写时间仓促，书中难免会出现错误或者不准确的地方，恳请读者批评指正。如果你有更多的宝贵意见，可以通过 https://github.com/erpeng 联系笔者，期待能够得到你们的真挚反馈，在技术之路上互勉共进。

致谢

感谢本书的合作者——环宇，因为你，才有了这本书的诞生。

感谢伟大的开源运动促进了计算机行业的蓬勃发展。

感谢 Jeff Dean 与 Sanjay Ghemawat 创造了 LevelDB。

特别致谢

最后，我要特别感谢我的父母、妻子与女儿，为写作这本书，我牺牲了很多陪伴他们的时间。同时因为他们的鼓励与支持，我才能坚持写下去。

感谢高婧雅编辑，得益于她的专业与耐心审稿，才进一步提升了本书的质量。

谨以此书献给热爱计算机行业的朋友们！

张仕华

目 录 *Contents*

第 1 章 Chapter 1

初识 LevelDB

从本质上讲，LevelDB 是一个键 – 值数据库。本章首先介绍键 – 值数据库的基本概念、由来与具体用途；然后着重描述 LevelDB 的诞生过程、特性、性能，以求让读者了解 LevelDB 发展的技术背景，以及 LevelDB 丰富的功能与强悍的数据读写性能；最后针对目前 LevelDB 存在的不足，简要介绍几种基于 LevelDB 开发的衍生产品。

1.1 键 – 值数据库的提出与价值

键 – 值数据库主要用于存取、管理关联性的数组。关联性数组又称映射、字典，是一种抽象的数据结构，其数据对象为一个个的 key-value 数据对，且在整个数据库中每个 key 均是唯一的。

20 世纪 80 年代，关系型数据库在软件系统的后端占据绝对统治地位。Oracle、SQL Server 和 DB2 等成熟的商业产品的本质是类似的，均面向结构化的数据，采用 SQL 语言进行相应的查询与事务操作。

然而随着近年来互联网的兴起，云计算、大数据应用越来越广泛，对于数据库来说也出现了一些需要面对的新情况：

- 数据量呈指数级增长，存储也开始实现分布式；

- 查询响应时间要求越来越快，需在 1 秒内完成查询操作；
- 应用一般需要 7×24 小时连续运行，因此对稳定性要求越来越高，通常要求数据库支持热备份，并实现故障下快速无缝切换；
- 在某些应用中，写数据比读数据更加频繁，对数据写的速度要求也越来越高；
- 在实际应用中，并不是所有环境下的数据都是完整的结构化数据，非结构化数据普遍存在，因此如何实现对灵活多变的非结构化数据的支持是需要考虑的一个问题。

正是在上述情况的催生下，2010 年开始兴起了一场 NoSQL 运动，而键 – 值数据库作为 NoSQL 中一种重要的数据库也日益繁荣，因此催生出了许多成功的商业化产品，并得到了广泛应用。

键 – 值数据库可以应用于许多应用场景。例如对于常见的 Web 场景，可以存储用户的个人信息资料、对文章或博客的评论、邮件等。具体到电子商务领域，可以存储购物车中的商品、产品类别、产品评论。键 – 值数据库，甚至可以存储整个网页，其将网页的 URL 作为 key，网页的内容作为 value。不仅如此，键 – 值数据库还可以用于构建更为复杂的存储系统。简而言之，键 – 值数据库给我们提供了一种新的选择，而在实际的软件架构与应用中，究竟是应用键 – 值数据库，还是使用传统的关系数据库，则需要综合多种因素，由项目架构师最终确定。

1.2 LevelDB 的诞生过程

本书主角 LevelDB 就是一种为分布式而生的键 – 值数据库。

Google 在分布式系统领域一直走在当今世界的前沿。早在 2004 年，Google 开始研发一种结构化的分布式存储系统，该分布式存储系统可扩展至 PB 级别的数据和数千台机器，这一系统就是后来风靡全球的 Bigtable。Bigtable 性能强悍，具有高扩展性与高可用性，在 Google 内部已应用到 60 多个产品与项目（截至本书完稿时），比如 Google Earth 和 Google Analytics。目前 Bigtable 是公认为的 Google 三大核心技术之一（另外两个分别为 GFS 与 MapReduce）

2006 年，Google 发表了一篇论文——*Bigtable: A Distributed Storage System for Structured Data*。这篇论文公布了 Bigtable 的具体实现方法（包括基本原理与技术架构），从而揭开了 Bigtable 的技术面纱。Bigtable 虽然也有行、列、表的概念，但不

同于传统的关系数据库，从本质上讲，它是一个稀疏的、分布式的、持久化的、多维的排序键 – 值映射。

虽然 Google 公布了 Bigtable 的实现论文，但 Google 产品中所使用的 Bigtable 依赖于 Google 其他项目所开发的未开源的库，Google 一直没有将 Bigtable 的代码开源。然而这一切在 2011 年迎来了转机。Sanjay Ghemawat 和 Jeff Dean 这两位来自 Google 的重量级工程师，为了能将 Bigtable 的实现原理与技术细节分享给大众开发者，于 2011 年基于 Bigtable 的基本原理，采用 C++ 开发了一个高性能的键 – 值数据库——LevelDB。由于没有历史的产品包袱，LevelDB 结构简单，不依赖于任何第三方库，具有很好的独立性，虽然其有针对性地对 Bigtable 进行了一定程度的简化，然而 Bigtable 的主要技术思想与数据结构均在 LevelDB 予以体现了。因此 LevelDB 可看作 Bigtable 的简化版或单机版。

LevelDB 诞生时，源码托管在 Google 自家的源码管理平台，后来迁移到目前最流行的开源社区 GitHub 上（https://github.com/google/leveldb）。经过多年的发展，LevelDB 已成为 GitHub 上关注人数较多的 C++ 开源项目之一。截至目前（2021 年 1 月），LevelDB 发布的稳定版为 1.22。在 Google 产品线中，Chrome 浏览器中涉及的 IndexedDB（基于 HTML5 API 的数据库），就是基于 LevelDB 构建而成的。Riak 分布式数据库也采用 LevelDB 作为其节点的存储引擎。

1.3　LevelDB 的特性

LevelDB 是一个 C++ 语言编写的高效键 – 值嵌入式数据库，目前对亿级的数据也有着非常好的读写性能。虽然 LevelDB 有着许多键 – 值数据库所不具备的优秀特性，但是与 Redis 等一些主流键 – 值数据库相比也有缺陷。本节将对 LevelDB 的优缺点进行具体阐述。

LevelDB 的优点体现在：

- key 与 value 采用字符串形式，且长度没有限制；
- 数据能持久化存储，同时也能将数据缓存到内存，实现快速读取；
- 基于 key 按序存放数据，并且 key 的排序比较函数可以根据用户需求进行定制；
- 支持简易的操作接口 API，如 Put、Get、Delete，并支持批量写入；

- 可以针对数据创建数据内存快照；
- 支持前向、后向的迭代器；
- 采用 Google 的 Snappy 压缩算法对数据进行压缩，以减少存储空间；
- 基本不依赖其他第三方模块，可非常容易地移植到 Windows、Linux、UNIX、Android、iOS。

LevelDB 的缺点体现在：

- 不是传统的关系数据库，不支持 SQL 查询与索引；
- 只支持单进程，不支持多进程；
- 不支持多种数据类型；
- 不支持客户端 – 服务器的访问模式。用户在应用时，需要自己进行网络服务的封装。

读者可以综合 LevelDB 的优缺点，有针对性地评估其是否适用于实际开发的项目 / 产品，并对最终是否使用进行决定。

1.4 LevelDB 的性能分析

在 LevelDB 的源码中，笔者写了一段用于测试 LevelDB 性能的代码（db_bench.cc）。经过编译后，生成用于性能测试的可执行程序 db_bench。通过运行该性能测试程序，用户能直观地了解 LevelDB 在海量数据读写方面的性能。

可为测试程序 db_bench 指定相关测试参数，也可以选择默认参数。db_bench 在默认的测试参数下读写百万级别的数据时，每一个数据的 key 占用 16 字节，value 占用 100 字节（启用压缩后，value 占用 50 字节，即压缩率为 50%）。

db_bench 主要针对读与写两个方面进行测试。写性能测试项具体如下。

- Fillseq：以顺序写的方式创建一个新的数据库。
- Fillrandom：以随机写的方式创建一个新的数据库。
- Overwrite：以随机写的方式更新数据库中某些存在的 key 的数据。
- Fillsync：每一次写操作，均将数据同步写到磁盘中才算操作完成；而对于上述 3 种其他的写操作，只是将需要写的数据送入操作系统的缓冲区就算成功。

读性能测试项具体如下。

- Readrandom：以随机的方式进行查询读。

- Readseq：按正向顺序读。
- Readreverse：按逆向顺序读。

在终端中输入命令执行 db_bench，测试程序即可进行相应的读写操作，并记录相应的性能数据。

```
$ ./db_bench
```

针对上述的几个测试项，表 1-1 对比了 LevelDB 官方发布的与笔者实际测试的结果。两者硬件测试环境不同，因而相应测试项的数据也不相同。但总体而言，可以得知 LevelDB 读写性能的优异。

表 1-1 LevelDB 测试数据

测试项	官方结果①（μs/op）	笔者测试②（μs/op）
Fillseq	1.7	3.263
Fillsync	268.409	55.34
Fillrandom	2.46	4.115
Overwirte	2.38	4.242
Readrandom	16.677	4.306
Readseq	0.476	0.194
Readreverse	0.724	0.348

① LevelDB 官方测试平台为 CPU：4 x Intel（R）Core（TM）2 Quad CPU Q6600 @ 2.40GHz，CPUCache：4096 KB。

② 笔者采用的硬盘测试平台为 15 寸 MacBook Pro with Retina 2015（CPU：Intel Core i7 @2.2GHz：16GB 内存，256GB SSD 硬盘）。

此外，为了更好地测试比较 LevelDB 的实际性能，Google 的工程师也将 LevelDB 与另外两种数据库（SQLite3 和 Kyoto TreeDB）进行了对比。经过测试证明，LevelDB 相较于另外两种数据库，无论是在基本操作环境下，还是在某些特定配置环境下，均具有非常优秀的读写性能。具体测试结果，可以参见源码中的 leveldb/doc/benchmark.html。

1.5 LevelDB 的衍生产品

尽管 LevelDB 本身已具备非常优异的读写性能，然而还有许多需要完善与提高的地方，比如前面介绍过的只支持单实例、单线程操作，不具备相应的客户端访问模式，支持的数据类型不够丰富等。正因如此，各知名公司与开发机构，基于 LevelDB 开发了一系列的衍生产品，如 Facebook 开发的 RocksDB、我国开发者基于 LevelDB 开发的类 Redis 的 NoSQL 数据库 SSDB。本节将针对 LevelDB 的这两种衍生产品进行简要介绍。

1.5.1 RocksDB

RocksDB（https://github.com/facebook/rocksdb）是基于 LevelDB 开发的，并保留、继承了 LevelDB 原有的基本功能，也是一个嵌入式的键 – 值数据存储库。RocksDB 设计之初，正值 SSD 硬盘兴起。然而在当时，无论是传统的关系数据库如 MySQL，还是分布式数据库如 HDFS、HBase，均没有充分发挥 SSD 硬盘的数据读写性能。因而 Facebook 当时的目标就是开发一款针对 SSD 硬盘的数据存储产品，从而有了后面的 RocksDB。RocksDB 采用嵌入式的库模式，充分发挥了 SSD 的性能。

提示：为什么基于 LevelDB 实现 RocksDB？

一般而言，数据库产品有两种访问模式可供选择。一种是直接访问本地挂载的硬盘，即嵌入式的库模式；另一种是客户端通过网络访问数据服务器，并获取数据。假设 SSD 硬盘的读写约 100μs，机械硬盘的读写约 10ms，两台 PC 间的网络传输延迟为 50μs。可以分析得知，如果在机械硬盘时代，采用 C/S 的数据服务模式，客户端进行一次数据查询约为 10.05ms，可见网络延迟对于数据查询速度的影响微乎其微；而在 SSD 硬盘时代，客户端进行一次数据查询约为 150μs，但与直接访问 SSD 硬盘相比，整体速度慢了 50%，因而直接影响了整体性能。正是在这样的背景下，Facebook 的工程师们选择了 LevelDB 来实现 RocksDB 的原型。

RocksDB 兼容 LevelDB 原有的 API，但在开发设计过程中，针对性地对 LevelDB 进行了一系列的优化与完善。具体主要体现在以下几个方面。

- 针对 SSD 硬盘进行优化，支持更多的 IOPS（I/O Operation per Second），并改进数据压缩，减少数据写入，尽可能延长 SSD 的使用寿命。
- 针对多 CPU、多核环境进行优化，从而提升整体性能。一般而言，商用的服务器均采用多核的 CPU，RocksDB 不仅支持多线程合并、多线程内存表的插入，同时采用 MVCC，并将数据库的只读与读写操作分开，减少了锁的使用，从而更适合、进行高并发操作。

- 增加了一系列 LevelDB 不具备的功能，如数据合并、多种压缩算法、按范围查询，以及一些管理统计维护工具。

RocksDB 适用于对数据存取速度要求高的应用场景，例如：

- 垃圾邮件检测应用需要快速获取实时传递的每一封邮件。
- 一个消息队列，需要支持海量的消息插入与删除。
- 作为一个高速缓存，以实现海量数据的实时访问。

在 Facebook 内部，RocksDB 已为其大量业务提供服务。Facebook 还将 RocksDB 与 MySQL 进行结合，将 RocksDB 作为 MySQL 的数据引擎，目前这一项目也已开源，有兴趣的读者可访问 https://github.com/facebook/mysql-5.6 了解。

1.5.2　SSDB

SSDB 是一个高性能、支持丰富数据结构的 NoSQL 数据库。作者在设计时目标就是替代 Redis。Redis 是一个键 - 值型内存数据库，其所有数据均在内存中进行操作，因而其数据容易受到内存容量的限制，并且数据不能持久化存储。而 SSDB 不但完全兼容了 Redis 的 API，支持 Redis 客户端的访问，而且提供了与 Redis 一样的集合数据结构，如 list、hash、zset 等。SSDB 底层的数据存储引擎也是基于 LevelDB 开发的，因而实现了数据的持久化存储，且支持的数据容量是 Redis 的 100 倍。不仅如此，SSDB 还实现了主从同步与负载均衡。可以说，SSDB 是 LevelDB 与 Redis 相结合的产物，其继承了 LevelDB 强大的数据读写性能，也吸取了 Redis 简单易用的操作接口与丰富的数据结构。

SSDB 官网（http://ssdb.io/zh_cn/）公布了其与 Redis 的性能测试对比。在测试中，SSDB 的读性能完全超越了 Redis，而写性能只比 Redis 慢 10%。SSDB 可以将原有的 Redis 数据进行直接迁移。SSDB 已被数十家公司在多种场景中使用，例如财经类应用用其来存储高速证券行情快照，直播平台用其来存储粉丝关注与在线人数数据、在线广告平台用其来存储实时会话数据、音乐类平台用其来存储专辑封面信息以及评论数据。在这些用户中，许多都是从原来的 Redis 平台迁移而来的，由此可见，SSDB 在性能上的确相当优异，并且可用于许多 Redis 无法胜任的领域。而这一切均归功于底层的数据存储引擎 LevelDB。

1.6 小结

本章简要介绍了键 – 值数据库与 LevelDB 数据库的沿革，分析了 LevelDB 的功能、性能与应用场景，并针对性地介绍了 LevelDB 的两种衍生产品——RocksDB 与 SSDB。本章的目的在于让读者对 LevelDB 有初步的了解。通过本章读者应搞清楚 LevelDB 究竟是什么，其具有的优势与劣势。后续章节将着重关注 LevelDB 的内部实现细节。

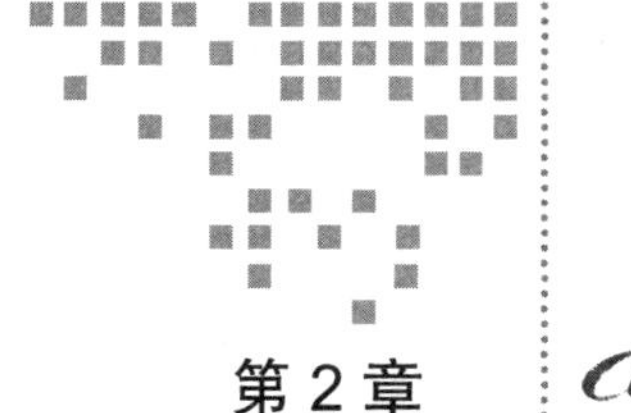

第 2 章 Chapter 2

基本数据结构

本章主要介绍在 LevelDB 中用到的一些基本的数据结构，这里面包括与字符串处理相关的 Slice，函数返回错误信息处理的 Status，键（key）的比较器接口 Comparator，通用的迭代器接口 Iterator 等。本章是后续章节进行深入剖析的基础，读者可以快速了解其基本结构与相应的功能。如果现在不太理解某些具体参数的作用与功能，也可以在阅读后续章节后再返回本章进行查阅。

2.1 string 与 Slice

string 是 C++ 中标准的数据类型，然而在 LevelDB 中需要创建一种基于 string 的新数据类型，即 Slice。

Slice 是 LevelDB 中的一种基本的、以字节为基础的数据存储单元，既可以存储 key，也可以存储数据（data）。Slice 对数据字节的大小没有限制，其内部采用一个 const char* 的常量指针存储数据，具有两个接口 data() 和 size()，分别返回其表示的数据及数据的长度。

此外，为了进行 key 的比较（compare）操作，这里封装了 Slice 的比较模块，即 ==、!=，以及 compare 函数。

Slice 是一种包含字节长度与指针（指定一个外部字节数组）的简单数据结构。

C++ 的 string 与 Slice 可以相互转换，参考 Slice 类的定义，如下所示：

```
class LEVELDB_EXPORT Slice {
 public:
  ...
  //通过构造函数，将一个string构造为一个Slice实例
  Slice(const std::string& s) : data_(s.data()), size_(s.size()) {}
  ...
  //Slice实例调用ToString方法会返回一个string
  std::string ToString() const { return std::string(data_, size_); }
  ...
};
```

上述代码中展示了如何将一个 string 和一个 Slice 实例相互转换。通过构造函数可以直接将一个 string 构造为 Slice 实例，Slice 实例通过调用 ToString 方法又会返回一个 string。

提示：为什么要使用 Slice？

一般来讲，Slice 作为函数的返回值。相比于 C++ 的 string 类型，如果在返回时采用 Slice 类型，则只需要返回长度与指针，而不需要复制长度较长的 key 和 value。此外，Slice 不以 '\0' 作为字符的终止符，可以存储值为 '\0' 的数据。

2.2 错误处理 Status

在 LevelDB 中，为了便于抛出异常，定义了一个 Status 类，该类主要用作函数的返回参数。一般而言，函数处理错误信息主要由错误代码与具体的错误描述信息组成。对于错误代码，LevelDB 中定义了 6 种状态码，这 6 种状态码定义在一个枚举类型 Code 中，如下所示：

```
enum Code {
    kOk = 0,
    kNotFound = 1,
    kCorruption = 2,
    kNotSupported = 3,
    kInvalidArgument = 4,
    kIOError = 5
};
```

上述代码中定义了 LevelDB 中关于函数操作的 6 种状态。其中除了 kOk 代表

操作正常以外，另外5种均为异常：kNotFound表示没有找到相关项；kCorruption代表数据异常崩溃；kNotSupported表示不支持；kInvalidArgument表示非法参数；kIOError表示I/O操作错误。

在Status类中，所有状态信息，包括状态码与具体描述，都保存在一个私有的成员变量const char* state_ 中。其具体表示方法如下。

1）当状态为OK时，state_ 为NULL，说明当前操作一切正常。

2）否则，state为一个char数组，即state[0...3] == msg的长度，state[4] = code，state[5...] = msg。

2.3 key比较函数接口Comparator

LevelDB是按key排序后进行存储，因此必然少不了对key的比较。在源码中，key的比较主要是基于Comparator这个接口实现的，Comparator是一个纯虚类，具体定义如下：

```
class Comparator{
public:
     virtual ~Comparator();
     virtual int Compare(const Slice &a, const Slice& b) const = 0;
     virtual const char* Name() const = 0;
     virtual void FindShortestSeparator(std::string *start, const Slice
        &limit) const = 0;
     virtual void FindShortSuccessor(std::string *key) const = 0;
}
```

Comparator类的接口的具体作用，参见表2-1。其中，Compare方法是其主要的逻辑功能（即相应的字符串比较功能）的实现。Name用于获取这个比较器的名称，可以用这个函数检查比较器是否匹配。

表2-1 Comparator类的主要接口

函数名称	描 述
int Compare（a, b）	比较a和b的key的大小。返回值代表3种比较结果：如果"a"<"b"，则返回值<0；如果"a"=="b"，则返回值==0；如果"a">"b"，则返回值>0
const char* Name()	返回Comparator的名称，用于检测Comparator的一致性。当Comparator的比较方法改变时，需要为Comparator指定一个新的名称。一般而言，Comparator以leveldb.的前缀来命名

（续）

函数名称	描　　述
void FindShortestSeparator（start, limit）	如果 start<limit，返回一个短的字符串，这个字符串在 start ≤ string< limit 这个范围中。这个函数的主要作用是压缩字符串的存储空间
void FindShortSuccessor（key）	返回一个较短的字符串 string，该 string ≥ key。该函数的作用同样是减少字符串的存储空间

一般而言，用户可以针对自身的要求，以 Comparator 为接口，定义新的比较算法模块。在 LevelDB 中，有两个实现 Comparator 的类：一个是 BytewiseComparatorImpl，另一个是 InternalKeyComparator。

BytewiseComparatorImpl 是 LevelDB 中内置的默认比较器，主要采用字典序对两个字符串进行比较。Comparator 接口理解的难点在于 FindShortestSeparator 和 FindShortSuccessor 这两个函数。下面分别对这两个函数在 BytewiseComparatorImpl 中的具体定义进行详细描述。

FindShortestSeparator (std::string* start, const Slice& limit) 传入的参数是 *start 和 limit 这两个字符串。参数 *start 对应原字符串，而经过一系列逻辑处理后，相应的短字符串也将保存在 *start 中以返回。该函数在 BytewiseComparatorImpl 中的具体算法逻辑如下。

1）找出两个字符串 *start 和 limit 之间的共同前缀，如果没有共同前缀，则直接退出。

2）如果有共同前缀，判断 start 中共同前缀的后一个字符是否小于 0xff，且后一个字符加 1 后要小于 limit 中共同前缀的后一个字符，如果条件不满足，则直接退出。

3）将 *start 中共同前缀的后一个字符串加 1，然后去掉后续所有的字符，并返回退出。

为了更好地说明这个函数的具体实现，这里假如有 *start = "abcd", limit= "abzf"，则很明显它们之间有共同前缀 ab，那么经过函数处理后 c+1=d，*start 最终为 abd。

FindShortSuccessor (std::string* key) 只传入一个参数，与 FindShortestSeparator 不同的是，该类没有 limit 参数，在实际的代码中，首先找出 key 字符串中第一个不为 0xff 的字符，并将该字符加 1，然后丢弃后面的所有字符。例如，对于字符串 "abcd"，由于第一个字符 a 不等于 0xff，那么最短的后继字符串为 "a"+1，即 "b"。

2.4 迭代器接口

在许多编程语言中均有迭代器（Iterator）接口，通过该迭代器，设计人员只需要调用相应的接口，就可以实现对容器数据类型的遍历访问。LevelDB采用C++开发，同样具有相应的迭代器遍历功能。本节将介绍LevelDB中迭代器接口的具体实现方法。

与2.3节中介绍的Comparator一样，迭代器也定义了一个纯虚类的接口，LevelDB中的任何集合类型对象的迭代器均基于这一纯虚类进行实现。具体代码如下：

```
class Iterator{
public:
    Iterator();
    virtual ~Iterator();
    virtual bool Valid() const = 0;
    virtual void SeekToFirst() = 0;
    virtual void SeekToLast() = 0;
    virtual void Seek(const Slice& target) = 0;
    virtual void Next() = 0;
    virtual void Prev() = 0;
    virtual Slice key() const = 0;
    virtual Slice value() const = 0;
    virtual Status status() const = 0;
    typedef void (*CleanupFunction)(void* arg1, void* arg2);
    void RegisterCleanup(CleanupFunction, void* arg1, void* arg2);

private:
    struct Cleanup {
      CleanupFunction function;
      void* arg1;
      void* arg2;
      Cleanup* next;
    };
      Cleanup cleanup_;
}
```

这些接口函数的具体作用参见表2-2。从表2-2中可以看出，LevelDB中定义的迭代器不仅支持直接对集合中的首元素和末尾元素进行访问，如SeekToFirst和SeekToLast，还可以根据实际的key进行元素的定位，如Seek(target)。此外，一般的迭代器支持正向迭代，而LevelDB中的迭代器对象不仅支持正向迭代Next()，还支持反向迭代Prev()，可见其迭代器的功能还是相当强大的。

表 2-2 迭代器的主要接口描述

函数名称	描 述
Valid()	判断迭代器是否指向一个数据，或非法
SeekToFirst()	将迭代器指向集合中的第一个元素
SeekToLast()	将迭代器指向集合中的最后一个元素
Seek(target)	将迭代器指向集合中 key 为 target 的元素
Next()	将迭代器指向下一个元素
Prev()	将迭代器指向前一个元素
key()	返回迭代器目前指向元素的 key
value()	返回迭代器目前指向元素的 data

值得注意的是，Iterator 中定义了一个名为 Cleanup 的结构体，该结构体主要由相应的函数指针与两个参数构成，并且 Cleanup 中包含一个 next 指针，从而可以定义一条 Cleanup 链表。而 Iterator 中唯一的非虚函数 RegisterCleanup 则用于注册相对应的回收函数，并将之保存到 cleanup_ 这一变量中。最终 Iterator 析构函数会遍历 cleanup_ 中所有的节点，并调用相对应的函数，实现迭代器相关资源的释放与清除。

2.5 系统参数

在源码中，头文件 options.h 中定义了一系列与数据库操作相关的选项参数类型，例如与数据库操作相关的 Options，与读操作相关的 ReadOptions，与写操作相关的 WriteOptions。这几个类型均为结构体，在进行数据库的初始化、数据库的读写等操作时，这些参数直接决定了数据库相关的性能指标。本节将针对这 3 个参数类型中具体的成员变量进行描述，确定每一个成员变量的实际含义与作用。

2.5.1 DB 参数 Options

参数 Options 主要在 DB::Open 方法中进行函数的参数传递。这是一个 struct 类型的变量，其内部参数可以分为两块：影响行为的参数与影响性能的参数。

（1）影响行为的参数主要有以下几个。

- const Comparator* comparator：比较器，用于定义 table 中 key 按照何种规则进行排序。如果不对这个参数进行指定，则默认按照字典顺序的比较器定义，即前面所讲的BytewiseComparatorImpl。在实际调用时，客户端需要保证排序时所使用的comparator与数据库进行Open操作时传入的comparator名字相同。

- bool create_if_missing：默认为false，如果设置为true，表示当数据库不存在时，如果调用Open方法则创建新的数据库。
- error_if_exists：默认为false，如果设置为true，则在进行Open操作时，首先判断该数据库是否存在，如果存在则触发一个错误。
- bool paranoid_checks：默认为false。如果设置为true，将会对数据进行大量的检测工作，如果检测到任何错误，则会停止检测。这样会造成某些不可预见的后果，例如数据库中的某一个数据实体的错误将造成大量的数据实体不可读，或整个数据库不能打开。
- Env* env：环境变量，主要用于与系统环境进行交互，如读文件、写文件、调度后台线程任务等。Env的默认值为Env::Default()。
- Logger* info_log：如果不为NULL，则运行时产生的中间过程或错误信息会被写入到info_log中；如果为NULL，则会将这些信息存储在与DB相同路径下的目录中。

（2）影响性能的参数主要有以下几个。

- size_t write_buffer_size：内存中将要写入到硬盘文件（sorted on-disk file）的数据量大小，默认为4MB。该参数增大，则会提升性能，特别是在大量加载的场景中。内存中最多同时保存2个写缓存。此外，写缓存越大，则DB在下次打开过程中恢复的时间越长。
- int max_open_files：DB所能使用的最大打开文件数。如果在应用场景中有一个大的数据集，则可以增大该参数。该参数默认为1000。
- Cache* block_cache：block是从硬盘上读数据的单位，用户的数据就存储在许多block中。默认为NULL，LevelDB自动创建并使用8MB的缓存。如果不为空，则由用户指定相对应的block缓存。
- size_t block_size：用户数据每一个block的大小，默认为4KB。block size参数针对的是没有压缩的数据。如果使用了压缩功能，则实际每个单位block从硬盘中读取的数据大小可能会较小。这个参数可以进行动态修改。
- int block_restart_interval：默认值为16，主要用于表示重启点间key的个数，

一般而言，多数调用不需要考虑这个参数。

- size_t max_file_size：默认为 2MB。指定 LevelDB 向一个文件写入字节的最大值。一般用户不需要关注这个参数。然而，如果用户的文件系统可以支持大的文件，可以考虑增大该参数值。但增大该参数，会增加压缩与等待间隔的时间。如果你本身就需要操作一个大数据库，也可以适当增大该参数值。
- CompressionType compression：采用特定的压缩算法，对 block 进行压缩。这个参数可以进行动态修改。CompressionType 是枚举型的，目前该枚举类型只有两种值，即 kNoCompression 与 kSnappyCompression。默认值为 kSnappy Compression。Snappy 是一种轻量且快速的压缩算法。从实际应用上来看，Snappy 的压缩速度可显著快于目前磁盘的存储速度，因此一般情况下应该开启压缩模式。如果输入数据不可压缩，Snappy 也可以有效地检测并转换到非压缩模式。
- bool reuse_logs：如果 reuse_logs 为 true，将会继续利用已有的 Manifest 和 Log 文件进行添加，从而加速数据库的 Open 操作。
- const FilterPolicy* filter_policy：默认为 NULL。如果不为 NULL，用户可以指定相应的过滤策略，以减少磁盘读取次数。

2.5.2 读操作参数 ReadOptions

ReadOptions 主要在 DB::Get 读操作方法中进行参数传递。其主要参数主要有以下 3 个。

- verify_checksums：默认值为 false，如果设为 true，那么当读数据时，会对数据的校验和进行验证，从而保证数据的一致性。
- fill_cache：默认为 true。表示在迭代器读取数据时是否将数据缓存在内存中。如果是进行块的扫描，一般可以将该参数设为 false。
- snapshot：默认为 NULL。如果该参数不为 NULL，则会从当前已有的快照中开始读；如果为 NULL，在读操作的开始阶段，将会采用一个隐式的状态快照。

2.5.3 写操作参数 WriteOptions

WriteOptions 主要在 DB::Put 写操作方法中进行参数传递。目前在写操作中，该参数只有一个，即 sync。该参数主要是为了指定调用 write 方法进行写文件操作时，是否将操作系统缓存区的内容实时同步写入硬盘中。该参数默认为 false，因为当宕机发生时，一些写操作必然写入不成功，从而造成数据丢失。而当该参数设置为 true 时，相当于在 write 函数操作后调用 fsync 函数，从而在写操作完成之前，将缓存区的数据强制同步持久化。显然，当该参数设置为 true 时，写入速度会变慢。

2.6　小结

本章主要描述了 LevelDB 中常用的基本数据结构，这些数据结构是理解后续章节以及相关源码的基础。在后续相关功能中，都需要用到这些数据结构。在初次接触这些数据结构时，或多或少会存在一定的理解困难，读者也可以在碰到与这些数据结构相关内容时再来学习本章内容，从而提高学习效率。此外，本章提到的某些数据结构，如比较器、迭代器，可以说是一些编程语言的基础。读者也可以有针对性地对这部分源码进行深入理解，从而了解迭代器与比较器的内部结构原理和具体实现方法。

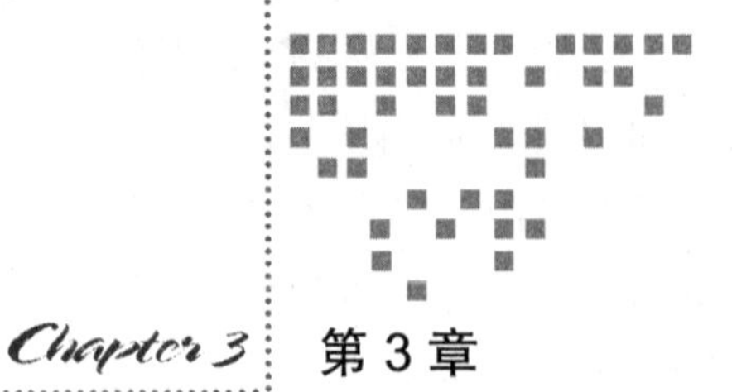

Chapter 3 第3章

LevelDB 使用入门

本章将主要介绍如何使用 LevelDB。首先对 LevelDB 的源码进行大概的描述，包括其目录结构、安装编译以及相关头文件的定义与作用。随后针对 LevelDB 的主要操作接口 API，以分析代码的形式进行详细描述，使读者能够熟练掌握 LevelDB 的各项操作方法。

3.1 源码简介

本节将针对 LevelDB 的源码进行简要介绍，主要从源码的目录结构、安装与编译、头文件引用的层次关系 3 个方面进行描述，以帮助读者整体了解 LevelDB 的源码。

3.1.1 目录结构

目前 LevelDB 的源码托管在 GitHub 上面（https://github.com/google/leveldb），其中与程序实现源码相关的主要有以下几项。

- db：包含数据库的一些基本接口操作与内部实现。
- table：为排序的字符串表 SSTable（Sorted String Table）的主体实现。
- helpers：定义了 LevelDB 底层数据部分完全运行于内存环境的实现方法，主要用于相关的测试或某些全内存的运行场景。

- util：包含一些通用的基础类函数，如内存管理、布隆过滤器、编码、CRC 等相关函数。
- include：包含 LevelDB 库函数、可供外部访问的接口、基本数据结构等。
- port：定义了一个通用的底层文件，以及多个进程操作接口，还有基于操作系统移植性实现的各平台的具体接口。

3.1.2　安装与编译

Google 在开发 LevelDB 之初，为了保证软件的可移植性，主要支持 POSIX，以便应用于各类 UNIX 系统。因为 LevelDB 的代码托管在 GitHub 上，所以需要安装相应的 Git 工具，以进行代码的下载操作。在所对应的 Git 工具已安装的情形下，打开终端窗口，采用 git clone 命令从 GitHub 上下载源码至当前路径，如下所示：

```
git clone https://github.com/google/leveldb.git
```

下载完成后，所对应的源码包 leveldb 中包含了相应的平台检测脚本与 makefile 文件，进入下载后的 leveldb 目录，可用 make 命令实现自动编译源码：

```
cd leveldb && make all
```

编译完成后，会生成两个目录：out-shared 和 out-static。在 out-shared 目录下，会生成相应的共享库文件 libleveldb.so（在 Windows 下为 libleveldb.dll，在 Mac OS X 下为 libleveldb.dylib）；在 out-static 目录下，会生成的静态库 libleveldb.a（在 Windows 下为 libleveldb.lib）。

提示：静态库与共享库

对于静态库，应用程序在编译时需要与静态库进行链接，编译后生成的二进制应用程序就包含了它所使用的与静态库文件的相关代码，这使得该类应用程序可以独立运行而不再依赖于静态库；而对于共享库，是在应用程序运行时才被动态加载与调用，并且共享库可以供多个应用程序调用。

与此同时，在 make all 生成的过程中，在静态库的目录（out-static）下编译生成了一系列的测试程序，例如 arena_test、autocompact_test 等。这些测试程序主要用于验证源码中某一个模块中的对应功能。读者在学习时也可以对这些测试的源码进行

分析学习，从而了解对应的模块函数的功能与用法。

提示：如何在 Windows 环境下开发编译 LevelDB

LevelDB 本身并不支持 Windows 平台，需要依赖于 Windows 中的 Cygwin 进行程序的编译与运行。Cygwin 是一个运行于 Windows 平台兼容 POSIX 标准的编码和运行时环境。笔者在 Windows 10 环境中安装了 Cygwin，并配置了对应的 GCC 编译环境，之后就可以打开 Cygwin 的终端环境进行 LevelDB 的编译操作了，具体的操作流程与本节描述类似，读者可以下载对应的源码进行尝试。

3.1.3 引用头文件

由于 LevelDB 是一个 C++ 库，因此在使用 C++ 编写主程序内容时需要引用库的头文件，从而提供库中函数或相关类的声明。LevelDB 库的头文件位于 include/leveldb 目录下，其中 db.h 中定义了数据库的 DB 类。DB 类是一个重要的操作数据库的接口，基本上任何使用 LevelDB 的主程序均需要引用 db.h 这个头文件。LevelDB 中 include/leveldb 目录下头文件整体依赖关系如图 3-1 所示。从图中可以看出，头文件 db.h 定义了 LevelDB 中的一个主要的访问接口类，即 DB 类。通过调用 DB 类中相应的接口方法，即可以实现数据库的打开、关闭，以及数据的读、写、查询等操作。LevelDB 库的其他头文件介绍如下。

options.h 定义了相关的操作参数项，这些参数可作为 DB 类某些接口方法的函数参数使用。

头文件 slice.h、status.h、iterator.h、comparator.h、options.h 分别定义了第 2 章介绍的 Slice 与 Status 等的基本数据结构，因此这里不再做详细描述。

write_batch.h 定义了与批量写操作相关的数据结构类型，env.h 定义了一个与底层操作环境相关的类，filter_policy.h 定义了对应的过滤器。过滤器主要用于减少读数据时对磁盘的访问次数，从而提高访问速度，后续章节介绍的布隆过滤器就是要基于这个基本类来实现的。cache.h 定义了一个 Cache 类型，即实现了一个缓存单元，该缓存单元用来实现数据的高速访问，同样在 LevelDB 中使用的也是 LRU（least recently used，近期最少使用算法），以更新 Cache 在缓存过程中所需要淘汰数据的算法。关于 Cache 的具体原理与实现，参照后续章节。

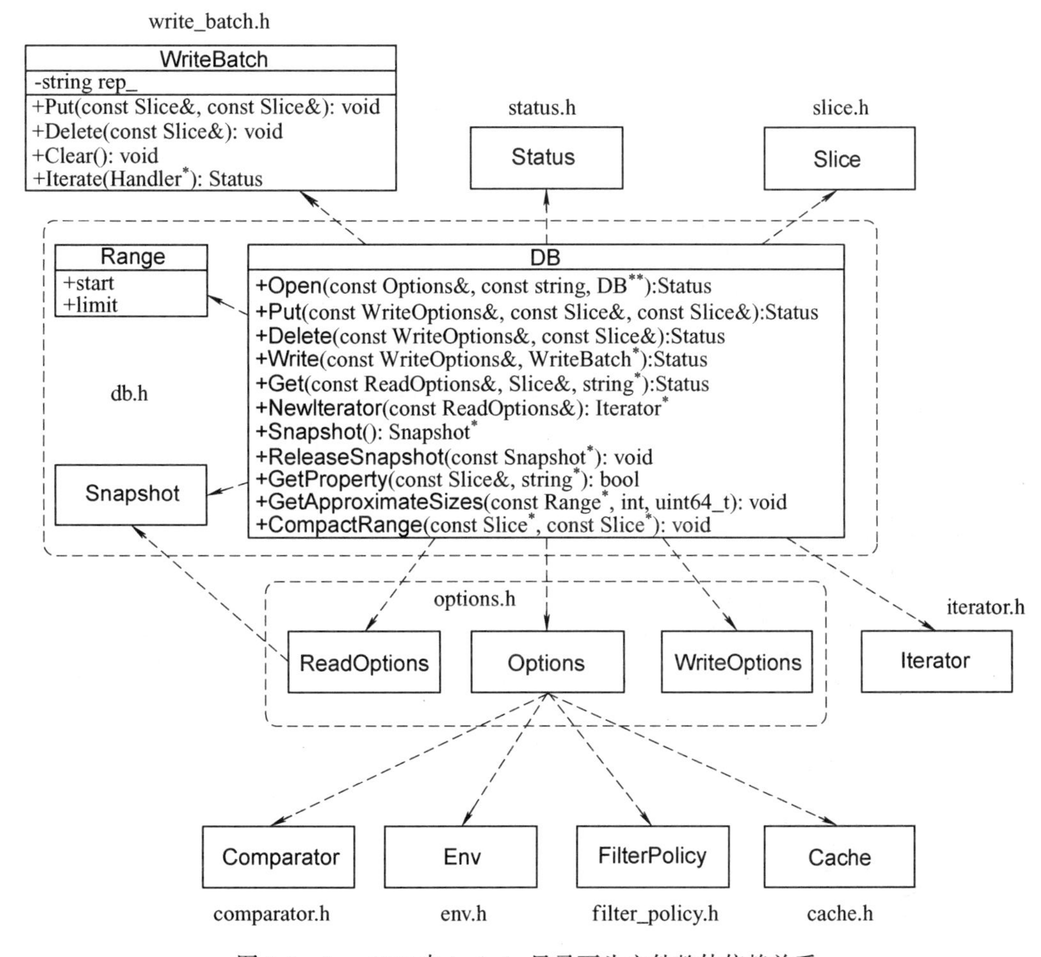

图 3-1　LevelDB 中 include 目录下头文件整体依赖关系

读者可以粗略查看这些头文件所描述的数据类型及定义的各种函数接口，从而形成基本认识，并学习其接口定义与封装的方法。了解这些头文件是学习如何使用 LevelDB 的基础。本章后续部分会对数据库的各种操作进行简要介绍，其中就涉及这些头文件中所定义的相关数据类型，因此用户可针对后续的具体操作，加深对这些头文件的了解。

3.2　创建（打开）与关闭数据库

创建数据库或打开数据库，均通过 Open 函数实现。Open 为一个静态成员函数，其函数声明如下所示：

```
static Status Open(const Options& options,
                   const std::string& name,
                   DB** dbptr);
```

Open 一共具有 3 个参数。

1）const Options & options：用于指定数据库创建或打开后的基本行为，关于其内部参数的介绍详见第 2 章。值得注意的是，代码清单 3-1 通过设定 Options 中 create_if_missing 来确定当数据库不存在时，是否创建一个新的数据库。

2）const std::string & name：用于指定数据库的名称，代码清单 3-1 采用了绝对路径的形式，因而当数据库成功创建后，数据库相关文件均保存在 /tmp/testdb 对应的路径中。

3）DB** dbptr：定义了一个 DB 类型的指针的指针，该指针作为 Open 函数操作后传给调用者使用的 DB 类型的实际指针。

当操作成功时，函数返回 status.ok() 的值为 True，*dbptr 分配了不为 NULL 的实际指针地址；若其中的操作存在错误，则 status.ok() 的值为 False，并且对应的 *dbptr 为 NULL。

代码清单 3-1　数据库连接的打开和关闭

```
leveldb::DB* db;
leveldb::Options op;
op.create_if_missing = true;
leveldb:Status status = leveldb::DB::Open(op, "/tmp/testdb", &db);
assert(status.ok());
delete(db);
```

一般而言，当不需要再操作数据库时，需要将客户端连接主动关闭，以节约系统资源，避免造成内存泄漏。LevelDB 中数据库的关闭操作比较简单。在代码清单 3-1 中，当调用者不再需要使用数据库时调用 delete 函数就可释放指针对应的内存空间，从而实现数据库的关闭。

提示：LevelDB 中函数参数顺序的规范

LevelDB 源码遵循 Google 发布的“C++ 编程风格指南”。针对函数参数的顺序，一般输入参数在前，输出参数在后。对参数排序时，所有的输入参数置于输出参数之前。读者可以在 Open 函数中看出，前两个参数为输入参数，最后一个为输出参数。

3.3　数据的读、写与删除

数据库中的读、写与删除操作分别用 Put、Delete、Get 这 3 个接口函数实现。这 3 个接口函数均为虚函数。

1）在 db.h 中 Put 函数声明如下：

```
virtual Status Put(const WriteOptions& options,
                   const Slice& key,
                   const Slice& value) = 0;
```

Put 函数同样具有 3 个参数：options 代表实际写操作传入的行为参数，该部分各项参数的实际用法参照第 2 章；key 和 value 均为 LevelDB 定义的 Slice 数据类型，其中 key 代表需要操作的数据的键值，value 代表待赋给对应键值的实际值。

2）Delete 函数的声明如下：

```
virtual Status Delete(const WriteOptions& options,
                      const Slice& key) = 0;
```

与 Put 操作类似，Delete 操作也可以看成一种特殊的数据库写操作。LevelDB 中的删除操作并不是直接将数据从磁盘中清除，而是在对应位置插入一个 key 的删除标志，然后在后续的 Compaction（见第 9 章）过程中才最终去除这条 key-value 记录。

3）Get 函数对应数据读操作，其函数声明如下：

```
virtual Status Get(const ReadOptions& options,
                   const Slice& key, std::string* value) = 0;
```

与 Put 和 Delete 不同，Get 函数中的 options 参数类型为 ReadOptions，其限定了数据读操作的行为参数。第 2 个参数 key 为需要读取的数据记录所对应的键值，第 3 个参数 value 为输出参数，即实际键值 key 所对应数据的实际值。

为了使读者对这 3 个函数的实际用法有更深的理解，代码清单 3-2 给出了一个具体的使用案例。

代码清单 3-2　数据库 key-value 的读取、增加和删除

```
#include "leveldb/slice.h"
...
leveldb::Slice key("k1");
std::string value;
leveldb::Status status = db->Get(leveldb::ReadOptions(), key, &value);
if(!status.ok())
```

```
    std::cout<<key.data()<<": "<<status.ToString()<<std::endl;
status = db->Put(leveldb::WriteOptions(), key, key);
if(status.ok())
{
    std::cout<<"Write successfully!"<<std::endl;
    status = db->Get(leveldb::ReadOptions(), key, &value);
    if(status.ok())
        std::cout<<"the value of "<<key.data()<<": "<<value<<std::endl;
}
if(db->Delete(leveldb::WriteOptions(), key).ok())
    std::cout<<key.data()<<"-"<<value<<" is deleted!"<<std::endl;
```

运行代码清单 3-2 所示代码后，程序输出如下：

```
Failed to read the value of k1: NotFound:
Write successfully!
the value of k1: v1
the data entry of k1-v1 is deleted!
```

代码在运行时，第一次调用 Get 读取 key 为 k1 的数据记录时没有成功，返回的错误为 NotFound，即表明当前 DB 中并不存在 key 为 k1 的数据记录。随后采用 Put 函数，在 DB 写入了一个 k1-v1 的键 – 值对，并采用 Get 再次读取 key 为 k1 的数据记录，成功返回实际值 v1。最后调用 Delete 函数，将 key 为 k1 的数据记录删除。

提示：C++ 函数参数中为什么使用引用常量？

一般而言，C++ 函数输入 / 输出参数均采用传值的方式。然而在传值过程中需要调用参数对象的复制构造函数来创建相应的副本，这样传值必然有一定开销，进而影响代码的执行效率。而在 Google 的“C++ 编程风格指南”中，约定一般通过引用常量的形式进行参数传递。由于传入的是引用对象，因而不会创建新的对象，所以不会存在构造函数与析构函数的调用，因而执行效率大大提升。另外，通过 const 进行常量声明，保证了引用参数在函数执行过程中不会被调用者修改。

3.4 数据批量操作

针对大量的操作，LevelDB 不具有传统数据库所具备的事务操作机制，然而它提供了一种批量操作的方法。这种批量操作方法主要具有两个作用：一是提供了一种原子性的批量操作方法；二是提高了整体的数据操作速度。

LevelDB针对批量操作定义了WriteBatch的类型。WriteBatch有3个非常重要的接口：数据写（Put）、数据删除（Delete）以及清空批量写入缓存（Clear），具体定义如下所示。

```
// 数据写
void Put(const Slice& key, const Slice& value);

// 数据删除
void Delete(const Slice& key);

// 清空批量写入缓存
void Clear();
```

调用者在定义WriteBatch对象类型后，需要调用相应的Put和Delete，这将需要执行一系列批量操作，这些批量操作存储在WriteBatch对象中。针对DB类型，db.h的Write函数接口主要用于处理之前保存在WriteBatch对象中的所有批量操作，其详细接口定义如下所示。

```
virtual Status Write(const WriteOptions& options, WriteBatch* updates)=0;
```

值得注意的是，Write函数的第二个参数声明的是WriteBatch的指针，且没有用const进行修饰，因而在实际调用中会对其内部所存储的相关信息进行修改。一般而言，当Write调用成功时，之前存储在updates中的所有对应的操作会自动清空。

代码清单3-3中给出了使用LevelDB进行批量操作的实际案例。在这个案例中，首先用一个批量操作，写入10个key-value数据，然后随机读取key为k3所对应的数据值，最后用一个批量操作，删除这之间写入的10个key-value数据。

代码清单3-3 数据库key-value批量操作

```
std::string value;
std::string key = "k1";
std::stringstream ss;
leveldb::WriteBatch batch;
leveldb::Status status;
char index[10];
// 将数据批量写入DB
for(int i = 0; i<10; i++) {
    std::string pre = "k";
    sprintf(index, "%d", i);
    key = pre + index;
```

```
    batch.Put(key, index);
}
status = db->Write(leveldb::WriteOptions(), &batch);
    if(status.ok())
    std::cout<<"batch write is finished!"<<std::endl;

status = db->Get(leveldb::ReadOptions(), "k3", &value);
if(status.ok())
   std::cout<<"read the value of k3: "<< value <<std::endl;

// 将数据批量删除
for(int i = 0; i<10; i++) {
    std::string pre = "k";
    sprintf(index, "%d", i);
    key = pre + index;
    batch.Delete(key);
}
status = db->Write(leveldb::WriteOptions(), &batch);
if(status.ok())
    std::cout<<"batch delete is finished!"<<std::endl;
```

3.5 迭代器与 key 的查询操作

迭代器是一种软件设计模式，可以作为容器中进行遍历访问的接口。作为一种数据存储引擎，LevelDB 自然也提供了对应的迭代器，以实现数据的遍历访问操作。在 LevelDB 中，统一的迭代器接口为 Iterator，第 2 章中已有详细的介绍。本章将基于两个应用案例对迭代器进行具体讲解。

3.5.1 前向与反向迭代循环遍历

针对 DB 中所有的数据记录，LevelDB 不仅支持前向的遍历，也支持反向的遍历。在 DB 对象类型中，通过调用 NewIterator 接口创建一个新的迭代器对象，该接口具体定义如下。

```
virtual Iterator* NewIterator(const ReadOptions& options) = 0;
```

该接口参数只有一个 ReadOptions 的参数，用于指定在遍历访问过程中的相关设置。要注意的是，该接口返回的 Iterator 对象并不能直接使用，只有在调用相应的 Seek 方法之后才能进行对应的迭代操作。

代码清单 3-4 分别给出了这两种迭代操作的具体实现。

1）前向遍历，即从 DB 中第一个数据记录开始，直至访问最后一个数据记录。代码清单 3-4 通过调用 Iterator 的 SeekToFirst 定位到 DB 中的第一个数据，然后通过 Next 依次向后遍历。

2）反向遍历，即从 DB 中最后一个数据记录开始，直至访问至第一个数据记录。代码清单 3-4 通过调用 Iterator 的 SeekToLast 定位到 DB 中的最后一个数据，然后通过 Prev 依次向前遍历。

代码清单 3-4　前向遍历与反向遍历

```
leveldb::Iterator* i = db->NewIterator(leveldb::ReadOptions());
//前向遍历
for(i->SeekToFirst(); i->Valid(); i->Next())
{
   std::cout<<i->key().ToString()<<": "<<i->value().ToString()<< std::endl;
}

//后向遍历
for(i->SeekToLast(); i->Valid(); i->Prev())
{
   std::cout << i->key().ToString() << ": "  << i->value().ToString() <<
std::endl;
}

delete(i);
```

当不再需要使用迭代器 Iterator 对象时，需要使用 delete 对该指针对象进行删除，以免造成内存泄漏。

3.5.2　按 key 的范围进行查询

由于在 LevelDB 中，所有的数据记录均基于对应的 key 进行有序排列，而 Iterator 提供了一个 Seek 方法，用于定位到某 key 的具体位置，因而在实际使用中，可以按代码清单 3-5 所示的方法，实现按 key 的范围对 DB 中的数据记录进行遍历查询。

代码清单 3-5　按 key 的范围进行查询

```
for(i->Seek("k2");i->Valid() && i->key().ToString()<"k4"; i->Next())
{
```

```
    std::cout << i->key().ToString() << ": "  << i->value().ToString() <<
std::endl;
}
```

代码清单 3-5 的 for 循环中，通过 Seek 定位到 key 为 k2 的数据，然后通过 Next 向后迭代，并调用 Valid() 方法确定迭代器当前位置是否有效以及当前位置数据的 key 是否小于 k4，以确定 for 循环是否应中止。最终，将打印出 [k2, k4] 之间的所有数据记录。

3.6 性能优化方案

Options 对象具有非常多的参数，这些参数直接影响了 LevelDB 的实际使用性能。本节将针对其中某几个重要的参数进行介绍，并主要描述如何通过设置这些参数，以针对不同的应用场景提高 LevelDB 的整体性能。

3.6.1 启用压缩

在 LevelDB 中，数据实体存储在一系列的文件中，并且每一个文件由多个压缩的块组成。键值相邻的数据，一般而言会存储在同一个块中，并且在实际的文件读写操作中，均以块为单位进行操作。一个未压缩的块的默认空间为 4KB，用户也可以在调用 DB 的 Open 函数时，改变传入的 Options.block_size 参数，对块的大小进行自定义。

当每一个块写入存储设备中时，可以选择是否对块进行压缩后再存储，以及 Options 参数的 compression 成员变量决定是否开启压缩。默认情况下，压缩是开启的，且压缩的速度很快，基本对整体的性能没有太大影响。针对压缩类型，LevelDB 中定义了一个枚举类型的 CompressionType，如下所示：

```
enum CompressionType {
  kNoCompression      = 0x0,
  kSnappyCompression = 0x1
};
```

用户在调用时，可以用 kNoCompression 或 kSnappyCompression 对 compression 参数进行设定，从而确定块在实际存储过程中是否进行压缩。

提示：如何设定块单元的大小？

由于LevelDB是以块为单元进行文件读取的，因此如果调用者需要针对大块的数据进行遍历访问或操作时，那么可以适当增大块的大小，从而减少磁盘I/O的次数。如果调用者的应用场景是频繁地一次读取少数数据点，那么可以适当减小块的大小，进而提高块的读取速度。

3.6.2 启用Cache

Cache的作用是充分利用内存空间，减少磁盘的I/O操作，从而提升整体运行性能。

第2章介绍了block_cache参数，该参数主要用于指定LevelDB的块的Cache空间。如果block_cache为NULL，则自动创建一个8MB的缓存空间（此处的空间为未压缩的块所占用的空间）；当然用户也可以自行创建对应的缓存空间，并赋给该参数。

LevelDB中定义了一个全局函数NewLRUCache用于创建一个Cache，其具体定义如下所示：

```
extern Cache* NewLRUCache(size_t capacity);
```

上述定义中的输入参数capacity，用于指定该Cache的实际内存空间大小，其会返回一个Cache对象指针。代码清单3-6演示了在Open函数调用之前，如何采用该函数创建一个10MB的Cache。

代码清单3-6 创建Cache

```
leveldb::DB* db;
leveldb::Options op;
op.block_cache = leveldb::NewLRUCache(10 * 1024 * 1024);
leveldb::Status status = leveldb::DB::Open(op, "/tmp/testdb", &db);
```

LevelDB默认的Cache采用的是LRU算法，即近期最少使用的数据优先从Cache中淘汰，而经常使用的数据驻留在内存，从而实现对需要频繁读取的数据的快速访问。然而在实际操作过程中，有时会针对某些大块的数据进行迭代器遍历操作，这种针对大量数据进行的遍历操作，必然会导致Cache中相关数据的淘汰与更新，所幸LevelDB在ReadOptions的对象中定义了fill_cache参数，以设置是否允许当前的读取操作去覆盖Cache的内存空间。代码清单3-7所示代码的作用为在DB遍历访问之前将options.fill_cache设置为false，从而保证for循环中的迭代访问操作不会对

Cache 中原有的内容造成任何影响。

代码清单 3-7　设置 options fill_cache

```
leveldb::ReadOptions options;
options.fill_cache = false;
leveldb::Iterator* it = db->NewIterator(options);
for (it->SeekToFirst(); it->Valid(); it->Next()) {
     std::cout << it->key().ToString() << ": "  << it->value().ToString()
     << std::endl;
}
```

3.6.3　启用 FilterPolicy

由于 LevelDB 中所有的数据均保存在磁盘中，因而一次 Get 的调用，有可能导致多次的磁盘 I/O 操作。为了尽可能减少读过程时磁盘 I/O 的操作次数，LevelDB 采用了 FilterPolicy 机制。LevelDB 中 Options 对象类型的 filter_policy 参数，主要用于确定运行过程中 Get 操作所遵循的 FilterPolicy 机制。

用户可以通过调用 NewBloomFilterPolicy 接口函数以创建布隆过滤器，并将其赋值给对应的 filter_policy 参数。代码清单 3-8 演示了如何定义 FilterPolicy。

代码清单 3-8　定义 FilterPolicy

```
leveldb::DB* db;
leveldb::Options op;
op.filter_policy = leveldb::NewBloomFilterPolicy(10);
leveldb::Status status = leveldb::DB::Open(op, "/tmp/testdb", &db);
```

后续章节会对 Filter Policy 进行深入介绍。

3.6.4　key 的命名设计

LevelDB 中磁盘数据读取与缓存均以块为单位，并且实际存储中所有的数据记录均以 key 进行顺序存储。根据排序结果，相邻的 key 所对应的数据记录一般均会存储在同一个块中。正是由于这一特性，用户针对自身的应用场景需要充分考虑如何优化 key 的命名设计，从而最大限度地提升整体的读取性能。为了提升性能，命名规则是：针对需要经常同时访问的数据，其 key 在命名时，可以通过将这些 key 设置相同的前缀保证这些数据的 key 是相邻近的，从而使这些数据可存储在同一个块内。基于此，那些不常用的数据记录自然会放置在其他块内。

3.7 小结

本章针对LevelDB如何使用进行了简要介绍。通过对本章内容的学习，读者应大致了解如何调用LevelDB的相关接口，如何进行数据库打开、数据读写等操作。本章通过实际的应用案例介绍了数据Options的相关参数，以及这些参数对实际运行性能的影响。读者在学习过程中可以进行有针对性的实践，从而对LevelDB的主要接口有大概的了解，这样才能更有针对性地了解每一个接口具体的实现原理与方法。

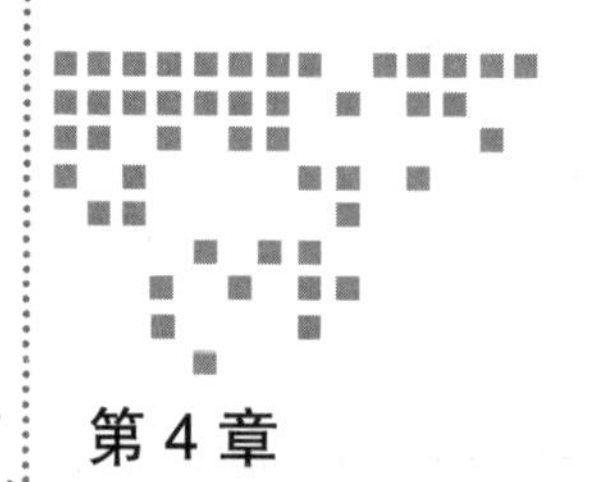

Chapter 4 第 4 章

总体架构与设计思想

从本章开始将介绍 LevelDB 的源码实现，并对一些具体的实现原理进行分析。本章将从宏观的角度，着重介绍 LevelDB 的技术思想与总体设计架构，读者在阅读本章时应着重了解各模块组成，以及各业务流程的具体数据流向，而各模块内部的具体细节可以先暂时忽略，在后续的章节中，我们将会对这些细节进行重点描述。

4.1 键 – 值存储系统的基本要求

一般而言，虽然每一个键 – 值数据库内部实现结构与原理各不相同，但是其基本构成大同小异。一个优秀的键 – 值存储系统，要具备优秀的读 / 写性能，必然得具备以下特点。

- 简洁完备的调用接口：主要由一系列开放给客户端调用的函数方法与类对象构成，即所谓的 API。一个最小的键 – 值存储系统，API 至少包含以下几个：Get()、Put() 与 Delete()。另外，接口函数的参数选项也需要在使用过程中保持一致性，从而实现接口的易用性。
- 高效的数据存储结构：用于组织数据的数据结构与算法，从而实现高效的数据存储与获取。通常存储系统采用哈希表或 B+ 树的形式进行数据的存储。

而 LevelDB 是基于 LSM 树（Log-Strucrued Merge Tree，日志结构合并树）进行存储。

- 高效的内存管理机制：存储系统中用于管理内存的算法与技术。一个优秀的内存管理模块，对于发挥键 – 值存储系统的性能具有重要的影响。
- 具备事务操作或批量操作的功能：支持事务操作或批量操作，允许提交一系列的数据操作请求，并一次性地将操作请求进行顺序执行，并且支持在出现错误时进行数据的回滚。

4.2　Bigtable 与 LevelDB

LevelDB 是 Google 所提出的 Bigtable 的一种单机版或简化版。毫不夸张地说，精通了 LevelDB 就相当于精通了 Bigtable 最为重要的核心组件之一，对读者了解 Google 相关技术的实现及后续开发分布式系统具有很好的借鉴意义。Bigtable 公开发表的论文 *Bigtable: A Distributed Storage System for Structured Data* 将 Bigtable 定义为一种稀疏的、分布式的、持久化的、多维的排序映射表。这种映射表就是 table。在 Bigtable 中，这种映射表具备三维索引：行键、列键、时间戳，并且由于 Bigtable 是一种分布式的存储系统，每一个 table 依据行索引，被人为地划分为许多小块，称之为 tablet，这些 tablet 分布于各个不同的 tablet server 中。Bigtable 有两个核心的组件。

- master server：一个集群中只有唯一一个，用于管理 tablet server，将 tablet 分配到 tablet server 中；
- tablet server：一个集群中存在许多个，主要受 master server 的管理与支配。tablet server 中有许多的 tablet。一般而言，每一个 tablet server 具有 10 ~ 1000 个 tablet。tablet server 可以根据当前集群的负载，进行动态添加或删除 tablet。tablet server 的主要结构如图 4-1 所示。从图中可知，其主要由三部分构成：Log、MemTable、SSTable 文件。SSTable（Sorted String Table），是一种按键排序的、存储字符串形式键 – 值对的文件，可实现海量键 – 值对的高效存储。而 MemTable 则是这种键 – 值对在内存中的存储方式，当 MemTable 的使用空间达到某一个阈值时，则会将该部分内存中对应的数据导出到磁盘，并生成一个新的 SSTable 文件。

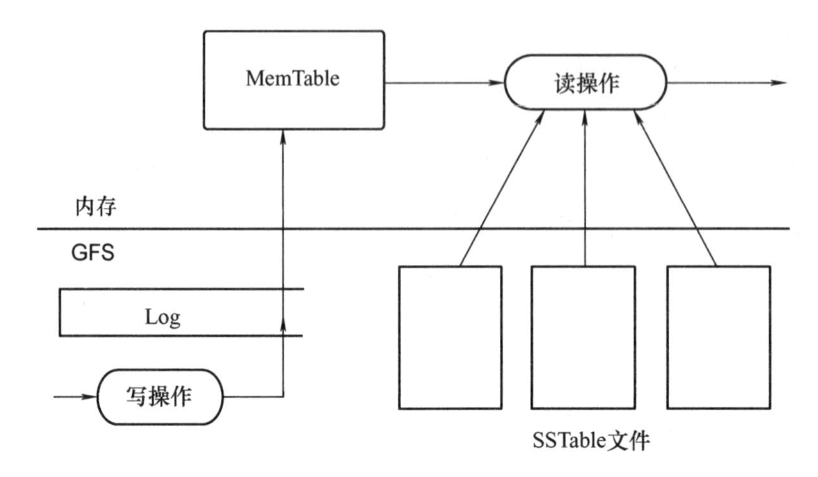

图 4-1　tablet server 主要结构

LevelDB 是单机版或简化版的 Bigtable，继承了 Bigtable 的相关概念与架构设计，也具有持久化、按键值顺序存储的特点。如果熟悉 LevelDB 后，会发现 LevelDB 的基本结构与图 4-1 所示的 tablet server 基本一致，只不过 LevelDB 是将数据存储在磁盘，而 tablet server 是将数据存储在 GFS 中。LSM 树是实现 levelDB 的核心。关于 LSM 树的具体介绍，读者可以参考 O’ Neil 所发表的 *The log-structured merge-tree*（*LSM-tree*）这篇论文。总体来讲，LSM 树是一种基于磁盘的、支持频繁大量数据写操作的数据结构。正因如此，LevelDB 才具备了非常优异的数据写性能，从而适用于会产生大量插入操作的应用场景。

4.3　主要模块功能介绍

为了深入了解 LevelDB 每一个模块的源码实现，我们从微观的角度对其进行模块划分，LevelDB 总体模块架构主要包括接口 API（DB API 与 POSIX API）、Utility 公用基础类、LSM 树（Log、MemTable、SSTable）3 个部分，如图 4-2 所示。

1. 接口 API

接口 API 主要包括客户端调用的 DB API 以及针对操作系统底层的统一接口 POSIX API。

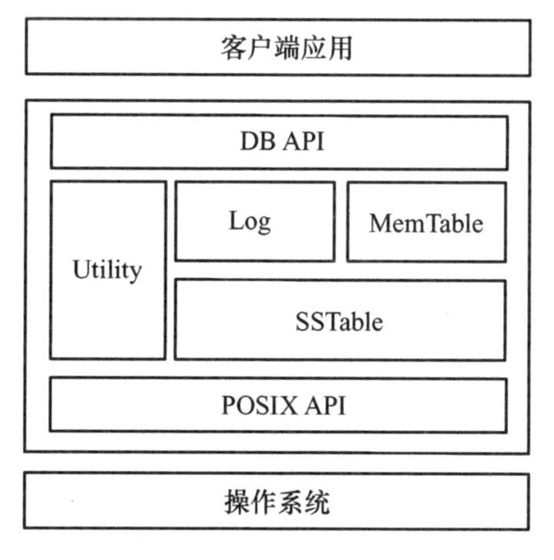

图 4-2 LevelDB 总体模块架构

1）DB API：主要用于封装一些供客户端应用进行调用的接口，即头文件中的相关 API 函数接口，客户端应用可以通过这些接口实现数据引擎的各种操作。对于 LevelDB 而言，API 接口主要在 DBImpl 类（DBImpl.h/DBImpl.cc、DB.h）中进行了定义，一共有 15 个函数接口（其中 4 个接口主要用于测试用途）。第 3 章已对一些常用的 API 接口进行了详细的介绍。本章后续章节将针对某些重要的接口，从源码的角度进行详细的数据流程分析。

2）POSIX API：实现了对操作系统底层相关操作的接口封装，主要用于保证 LevelDB 的可移植性，从而实现 LevelDB 在各 POSIX 操作系统的跨平台特性。POSIX API 主要在 port_posix.h 中描述了操作系统的统一接口，主要针对 mac OS、Solaris、FreeBSD、Android 等多种类 POSIX 系统。POSIX API 还对进程同步相关锁机制的互斥量、信号量，以及文件读写操作相关的接口进行抽象统一，从而为上层应用提供一致的函数调用接口。

2.Utility 公用基础类

Utility 公用基础类主要用于实现主体功能所依赖的各种对象功能，例如内存管理 Arena、布隆过滤器、缓存、CRC 校验、哈希表、测试框架等。本书在后续章节将有针对性地挑选几个比较复杂、比较重要的基础类别进行深入讲解。

3.LSM 树

LSM 树是 LevelDB 最重要的组件，也是实现其他功能的核心。一般而言，在常规的物理硬盘存储介质上，顺序写比随机写速度要快，而 LSM 树正是充分利用了这一物理特性，从而实现对频繁、大量数据写操作的支持。图 4-3 展示了最简单的 LSM 树的实现原理，主要由常驻内存的 C0 树与保留在磁盘的 C1 树两个模块组成。虽然 C1 树保存在磁盘，但是会将 C1 树中一些需要频繁访问的数据保存在数据缓存中，从而保证高频访问数据的快速获取。

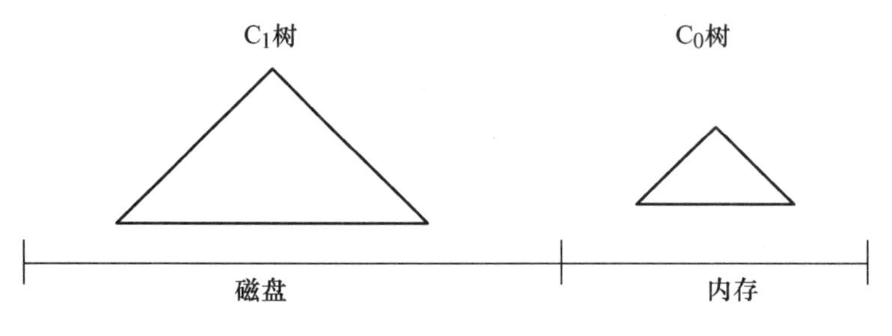

图 4-3　LSM 树原理图

当需要插入一条新的数据记录时，首先在 Log 文件末尾顺序添加一条数据插入的记录，然后将这个新的数据添加到驻留在内存的 C0 树中，当 C0 树的数据大小达到某个阈值时，则会自动将数据迁移、保留在磁盘中的 C1 树，这就是 LSM 树的数据写的全过程。而对于数据读过程，LSM 树将首先从 C0 树中进行索引查询，如果不存在，则转向 C1 中继续进行查询，直至找到最终的数据记录。对于 LevelDB 来说，C0 树采用了 MemTable 数据结构实现，而 C1 树采用了 SSTable。这两种数据类型在后续章节中会详细讲述。

4.4　主要操作流程分析

LevelDB 提供的 API 接口，如数据库打开 Open、数据读 Get、数据写 Put，均对应一系列复杂的操作流程。我们是通过 DB.h 这个接口头文件构建 DB 类对象，从而进行数据读写操作的。而 DB.h 中定义的 DB 类只是一个接口，具体的实现位于其子类 DBImpl 中。本节将会结合 DBImpl 相关的源码，对这些关键的 API 操作流程进行详细分析。

4.4.1　数据库 Open 流程分析

数据库 Open 操作主要用于创建新的 LevelDB 数据库或打开一个已存在的数据库。Open 操作的主要函数共需传递 3 个参数：两个输入参数 options 与 dbname，一个输出参数 dbptr。

```
Status DB::Open(const Options& options, const std::string& dbname, DB** dbptr)
```

要想深入了解数据库 Open 的操作流程，就需要去分析这个函数的具体实现（位于 db_impl.cc 文件中）。具体的实现流程如图 4-4 所示。

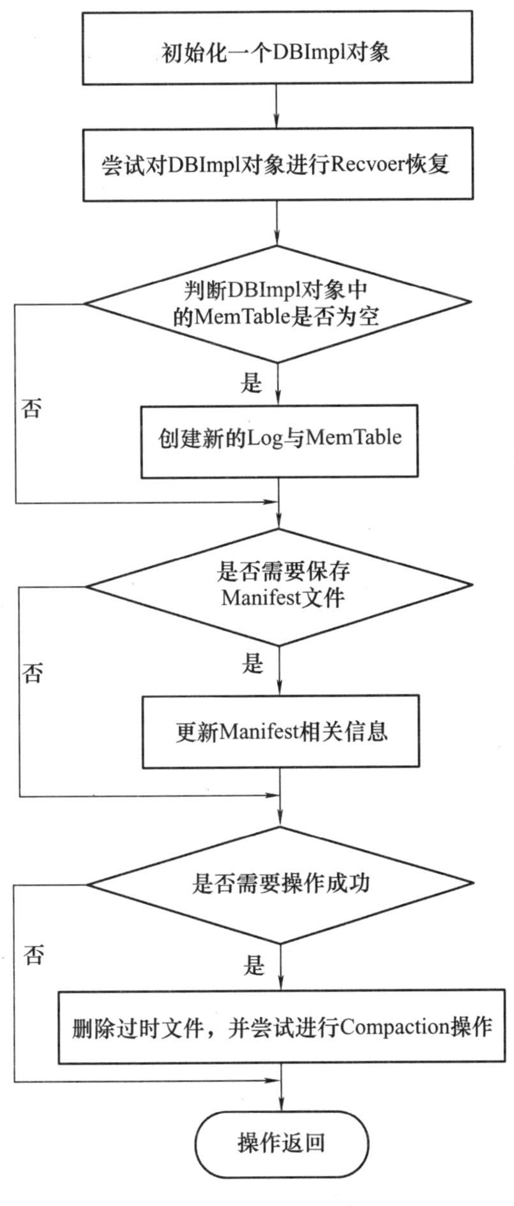

图 4-4　数据库 Open 操作流程图

代码清单 4-1 记录了函数 DB:Open 中的关键步骤，再结合图 4-4 具体流程分析如下。

S1: 初始化一个 DBImpl 的对象 impl，将相关的参数选项 options 与数据库名称 dbname 作为构造函数的参数。

S2: 调用 DBImpl 对象的 Recover 函数，尝试恢复之前存在的数据库文件数据。

S3: 进行 Recover 操作后，判断 impl 对象中的 MemTable 对象指针 mem_ 是否为空，如果为空，则进入 S4，不为空则进入 S5。

S4: 创建新的 Log 文件以及对应的 MemTable 对象。这一步主要分别实例化 log::Writer 和 MemTable 两个对象，并赋值给 impl 中对应的成员变量，后续通过 impl 中的成员变量操作 Log 文件和 MemTable。

S5: 判断是否需要保存 Manifest 相关信息，如果需要，则保存相关信息；如果不需要，则跳到 S6。

S6: 判断前面步骤是否都成功了，如果成功，则调用 DeleteObsoleteFiles 函数对一些过时文件进行删除，且调用 MaybeScheduleCompaction 函数尝试进行数据文件的 Compaction 操作。

代码清单 4-1　DB::Open 函数实现

```
Status DB::Open(const Options& options, const std::string& dbname,DB**
dbptr) {
*dbptr = NULL;
DBImpl* impl = new DBImpl(options, dbname);//初始化一个DBImpl对象
......
//尝试恢复之前存在的数据库文件数据
Status s = impl->Recover(&edit, &save_manifest);
if (s.ok() && impl->mem_ == NULL) {
   // 创建新的Log和MemTable对象
   ......
   if (s.ok()) {
      ......
      impl->log_ = new log::Writer(lfile);
      impl->mem_ = new MemTable(impl->internal_comparator_);
      impl->mem_->Ref();
   }
}
if (s.ok() && save_manifest) {
   edit.SetPrevLogNumber(0);
   edit.SetLogNumber(impl->logfile_number_);
   s = impl->versions_->LogAndApply(&edit, &impl->mutex_);//生成新的版本
}
```

```
    if (s.ok()) {
        impl->DeleteObsoleteFiles();//清理无用的文件
        impl->MaybeScheduleCompaction();//尝试进行一次Compaction操作
    }
    ......
}
```

4.4.2 数据 Get 流程分析

Get 函数主要用于从 LevelDB 中获取对应的键 – 值对数据，它是单个数据读取的主要接口。Get 函数的主要参数为数据读参数选项 options、键 key，以及一个用于返回数据值的 string 类型指针 value。图 4-5 描述了 Get 函数获取数据的流程图。

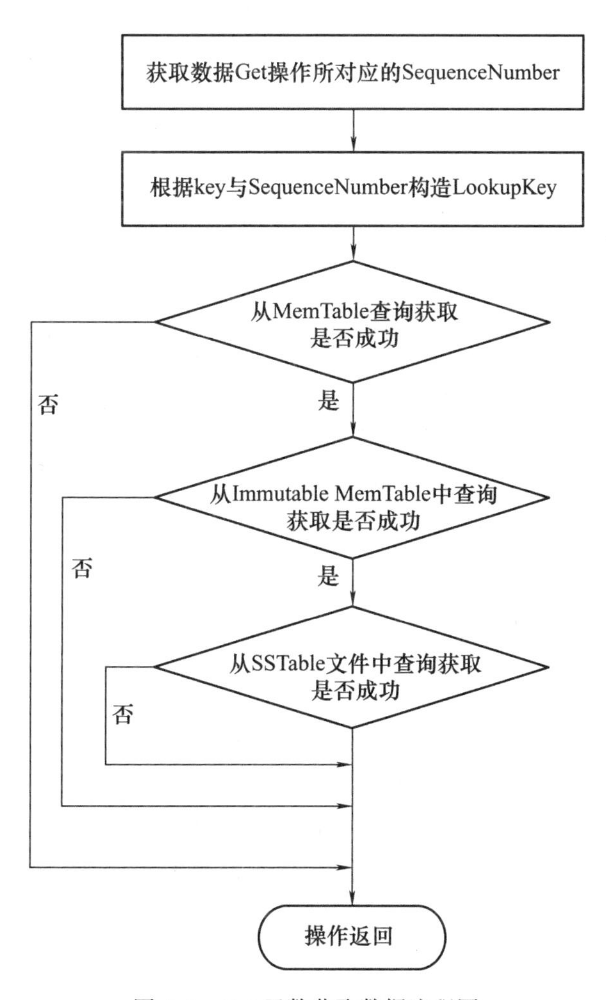

图 4-5　Get 函数获取数据流程图

从图 4-5 中可以看出，Get 函数在查询读取数据时，依次从 MemTable、Immutable MemTable 以及当前保存的 SSTable 文件中进行查找。如果在 MemTabel 中找到，立即返回对应的数值，如果没有找到，再从 Immutable MemTable 中查找。而如果 Immutable MemTable 中还是没有找到，则会从持久化的文件中查找，直到找出该键对应的数值为止。

Get 函数的代码见代码清单 4-2。Get 函数接口主要是以 key 为标识从 LevelDB 获取对应的数据值。然而在内部获取机制中还有一个时间序列尺度的标识，用于决定究竟获取该 key 哪一个时间序列的数值，而这个时间序列就是 SequenceNumber。SequenceNumber（图中简写为 seq no.）是一个 64 位的整数，其中最高 8 位没有使用，实际只使用 56 位，即 7 个字节，最后一个字节用于存储该数据的值类型，如图 4-6 所示。

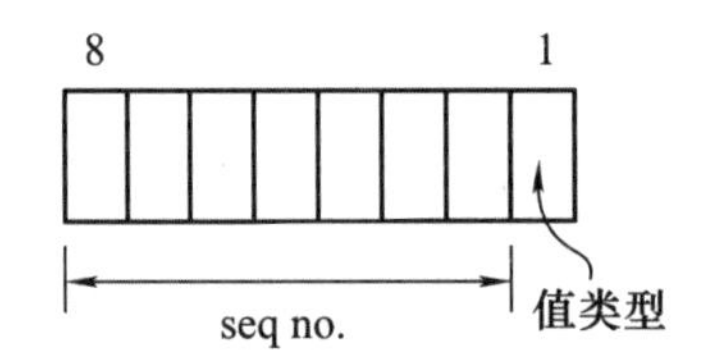

图 4-6　SequenceNumber 存储结构

SequenceNumber 的主要作用是对 DB 的整个存储空间进行时间刻度上的序列备份，即要从 DB 中获取某一个数据，不仅需要其对应的键 key，而且需要其对应的时间序列号。在 4.4.4 节会看到，对数据库进行写操作会改变序列号，每进行一次写操作，则序列号加 1。从代码清单 4-2 中可以看出最开始就定义了 SequenceNumber 对象变量 snapshot，如果 options 中的快照参数选项有定义，则获取该 DB 快照的序列号，而如果没有定义，则直接初始化为当前的序列号。有关快照的生成原理及使用方法，详见 4.4.4 节。

在代码清单 4-2 中可以发现，当从 MemTable、Immutable MemTable 和 SSTable 文件中查找并读取对象时，均通过查询对象 LookupKey 进行索引，而 LookupKey 在实例化时主要有两个关键的参数：一个为原始键 key，另一个为序列号 snapshot。这也证明了，要从当前的数据库中查找某一个对象时，原始的键 key 与序列号缺一不可。

代码清单 4-2　DBImpl::Get 函数实现

```
Status DBImpl::Get(const ReadOptions& options,
                   const Slice& key,
                   std::string* value) {
Status s;
MutexLock l(&mutex_);
SequenceNumber snapshot;
//获取序列号并且赋值给snapshot
if (options.snapshot != NULL) {
  snapshot = reinterpret_cast<constSnapshotImpl*>(options.snapshot)->
  number_;
} else {
  snapshot = versions_->LastSequence();
}

MemTable* mem = mem_;
MemTable* imm = imm_;
Version* current = versions_->current();
mem->Ref();
if (imm != NULL) imm->Ref();
current->Ref();

bool have_stat_update = false;
Version::GetStats stats;

{
mutex_.Unlock();
// 先查找MemTable，如果未找到则继续查找Immutable MemTable，如果仍未找到，则继续查
// 找SSTable
LookupKey lkey(key, snapshot);
if (mem->Get(lkey, value, &s)) {
} else if (imm != NULL && imm->Get(lkey, value, &s)) {
} else {
   s = current->Get(options, lkey, value, &stats);
   have_stat_update = true;
 }
mutex_.Lock();
}

if (have_stat_update && current->UpdateStats(stats)) {
   MaybeScheduleCompaction();
}
mem->Unref();
if (imm != NULL) imm->Unref();
```

```
current->Unref();
return s;
}
```

提示：代码清单 4-2 中的 Ref() 与 Unref() 的作用是什么？

可以发现，代码在实例化 Memtable、Immutable MemTable 以及 Version 的指针对象时，均调用了 Ref() 函数；而在使用后，则调用了 Unref() 函数。这里是针对指针对象使用了引用计数的功能。某一个指针对象在实例化后，调用 Ref() 则引用计数加 1，调用 Unref() 则引用计数减 1，如果该对象引用计数为 0，则说明当前没有用户需要该对象，从而可以触发指针对象的删除与回收。

4.4.3 数据 Put 与 Write 流程分析

数据 Put 包括 3 种类型：数据插入、修改与删除。在 LevelDB 中，这 3 种数据操作有两种操作模式：一种是针对单条数据的操作，主要采用 Put 函数接口；另一种是针对多种操作请求进行批量操作，主要采用 Write 函数接口。从代码清单 4-3 中可以看出，Put 接口主要有 3 个参数：写操作参数 opt、操作数据的 key 与操作数据新值 value。Put 函数其实也是将单条数据的操作变更为一个批量操作，然后调用 Write 函数进行实现。

代码清单 4-3 Put 函数实现

```
Status DB::Put(const WriteOptions& opt, const Slice& key, const Slice&
value) {
    WriteBatch batch;              //实例化一个WriteBatch对象
    batch.Put(key, value);         //将键-值对数据写入批量操作缓存中
    return Write(opt, &batch);     //调用Write函数进行批量操作
}
```

Write 函数主要有两个参数：WriteOptions 对象与 WriteBatch 对象。WriteOptions 主要包含一些关于写操作的参数选项，如是否采用操作系统的同步写操作等。而 WriteBatch 对象，相当于一个缓冲区，用于定义、保存一系列的批量操作，这些操作可以是采用 Put 存储或修改某一个键 - 值数据对，也可以是采用 Delete 删除某个键 - 值数据对。

```
Status DBImpl::Write(const WriteOptions& options, WriteBatch* my_batch)
```

在正式讲解 Write 函数之前，首先需要了解 DBImpl 中的两个数据结构。其中一

个是结构体 Writer，如代码清单 4-4 所示。前面所讲的 WriteBatch 的对象 batch 就保存在 Writer 中。不仅如此，Writer 还保存着其他基本信息，如状态信息 status、是否同步 sync、是否完成 done 以及用于多线程操作的条件变量 cv 等。

代码清单 4-4　结构体 Writer 实现

```
struct DBImpl::Writer {
  Status status;
  WriteBatch* batch;
  bool sync;
  bool done;
  port::CondVar cv;

  explicit Writer(port::Mutex* mu) : cv(mu) { }
};
```

另一个是队列 writers_，该队列对象中的元素节点为 Writer 对象指针。可见 writes_ 与写操作的缓存空间有关，批量操作请求均存储在这个队列中，按顺序执行，已完成的出队，而未执行的则在这个队列中处于等待状态。指针队列 writers_ 的结构定义如下：

```
std::deque<Writer*> writers_;
```

writers_ 队列的示意图如图 4-7 所示。

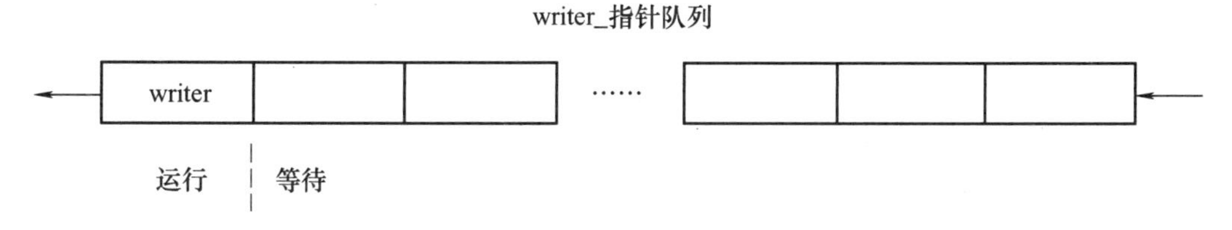

图 4-7　writers_ 指针队列示意图

回到正题，Write 函数的实现流程，如图 4-8 所示。

代码清单 4-5 实现了这一具体流程：首先，实例化一个 Writer 对象，并将其插入图 4-5 所示的 writers_ 队列中。然后，通过 Writer 中的条件变量 cv 调用 wait() 方法将该线程挂起，等待其他线程发送 signal 信号，并且等待队列前面的 Writer 操作全部执行完毕。如果线程收到了 signal 信号，则解除阻塞，而队列前面仍有其他的 Writer 操作，那么该线程会再次调用 wait() 方法实现阻塞，从而保证了 Writer 操作按照队列生成次序执行。

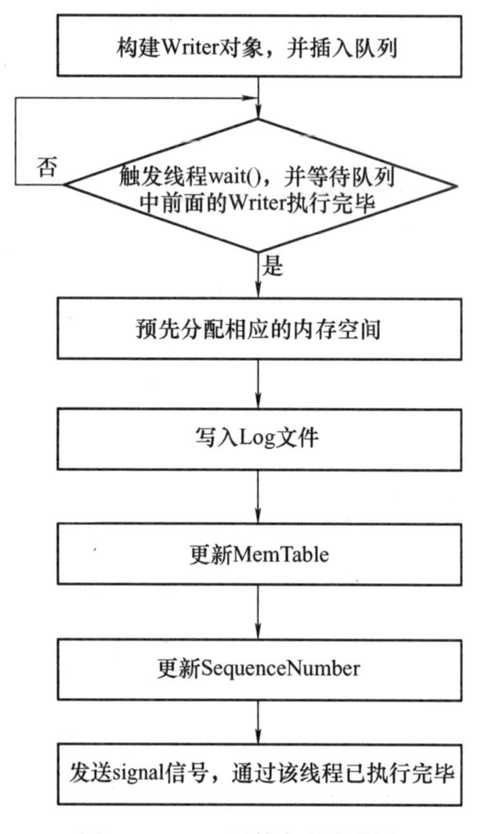

图 4-8　Write 函数实现流程图

当轮到本线程操作时，首先通过 MakeRoomForWrite() 函数进行内存空间分配，后续章节也会对 LevelDB 中的内存分配进行详细讲解。当获取到需要的内存后，根据一系列的批量操作，对 Log 文件以及 MemTable 分别进行更新，最终依据批量操作的数目更新 SequenceNumber。最后，通过 Writer 中的条件变量 cv 发送 signal 信号，以通知处于等待状态的其他线程开始执行。

代码清单 4-5　DBImpl::Write 函数实现

```
Status DBImpl::Write(const WriteOptions& options, WriteBatch* my_batch) {
  //实例化一个Writer对象并插入writers_队列中等待执行
  Writer w(&mutex_);
  w.batch = my_batch;
  w.sync = options.sync;
  w.done = false;
```

```
  MutexLock l(&mutex_);
  writers_.push_back(&w);
while (!w.done && &w != writers_.front()) {
   w.cv.Wait();
}
if (w.done) {
  return w.status;
}
Status status = MakeRoomForWrite(my_batch == NULL);
uint64_t last_sequence = versions_->LastSequence();
Writer* last_writer = &w;
if (status.ok() && my_batch != NULL) {
  //合并写入操作
  WriteBatch* updates = BuildBatchGroup(&last_writer);
  WriteBatchInternal::SetSequence(updates, last_sequence + 1);
  last_sequence += WriteBatchInternal::Count(updates);
{
  mutex_.Unlock();
  //将更新记录到日志文件并且将日志文件刷新到磁盘
  status = log_->AddRecord(WriteBatchInternal::Contents(updates));
  bool sync_error = false;
  if (status.ok() && options.sync) {
  status = logfile_->Sync();
  if (!status.ok()) {
  sync_error = true;
  }
}
//将更新写入MemTable中
if (status.ok()) {
  status = WriteBatchInternal::InsertInto(updates, mem_);
}
mutex_.Lock();
if (sync_error) {
  RecordBackgroundError(status);
 }
}
if (updates == tmp_batch_) tmp_batch_->Clear();

versions_->SetLastSequence(last_sequence);
}
//由于合并写入操作一次可能会处理多个writers_队列中的元素，因此此处将所有已经处理的元素
//状态进行变更，并且发送signal信号
while (true) {
  Writer* ready = writers_.front();
  writers_.pop_front();
```

```
    if (ready != &w) {
      ready->status = status;
      ready->done = true;
      ready->cv.Signal();
    }
    if (ready == last_writer) break;
  }
  if (!writers_.empty()) {
    //通知writers_队列中的第一个元素，发送signal信号
    writers_.front()->cv.Signal();  }

    return status;
}
```

提示：关于多线程编程中的 wait 与 signal

一般而言，实现多线程编程有多种方法，如互斥量就是一种最简单的方法。互斥量的方法在代码清单 4-5 中也有用到，比如类的成员变量 mutex。而这里所要讲的是多线程编程中的 wait 与 signal 的作用。采用 wait 函数即意味着当前线程阻塞，需要等待别的线程使用 signal 才能唤醒。而 signal 的作用是发送一个信号给另外一个正处于阻塞状态的线程，使其脱离阻塞状态继续执行。需要注意的是，signal 最多只给一个线程发信号，假如有多个线程正在阻塞等待这个条件变量，那么根据线程之间的优先级确定执行哪个线程。

4.4.4 快照生成与读取分析

快照保存了 DB 在某一个特定时刻的状态。快照一般为不可变的，因而它是一种线程安全且不需要同步机制的访问对象。在前面描述 Get 方法的具体过程中，我们也介绍了一些关于快照的相关内容，本节将对快照进行详细的讲解。

代码清单 4-6 中给出了使用快照读取 DB 中数据历史版本的基本过程。首先，通过调用 db->GetSnapshot() 函数获取当前数据库 DB 的一个快照备份，并将之赋给读选项参数 options 的 snapshot 属性。随后，无论对 DB 进行何种修改操作，均不会改变或损坏已存在的快照中的数据。当然，在获取快照中的数据后，如果不再需要快照，也可以调用 db->ReleaseSnapshot() 进行快照的删除。

代码清单 4-6　快照的获取与释放

```
leveldb::ReadOptions options;
```

```
options.snapshot = db->GetSnapshot();
// 此处可以执行一些写入操作
leveldb::Iterator* iter = db->NewIterator(options);
// 此处如果进行读取，不会读到快照创建之后写入的数据
delete iter;
db->ReleaseSnapshot(options.snapshot);
```

LevelDB 中的快照并不是将所有数据进行完整的物理空间备份，而是保存每一个快照备份记录创建时刻的序列号。在 DBImpl 类中专门有一个成员变量采用双向链表的数据结构，存储所有快照备份的序列号，如代码清单 4-7 所示。SnapshotImpl 继承了一个接口类，用以实现双向链表中的节点，其中该节点主要保存的数据字段是 SequenceNumber，即一个 64 位的序列号，其他的成员变量全部为与双向链表相关的指针，如前序节点 prev_、后序节点 next_ 等。SnapshotList 定义了一个操作该双向链表的主要函数方法，主要包括添加节点（New 方法）、删除节点（Delete 方法），读者有兴趣可以查看 SnapshotList 的具体实现。

代码清单 4-7　Snapshot 类

```
class Snapshot {
protected:
 virtual ~Snapshot();
};

typedef uint64_t SequenceNumber;

class SnapshotImpl : public Snapshot {
public:
SequenceNumber number_;
private:
friend class SnapshotList;

// SnapshotImpl为一个双向链表
SnapshotImpl* prev_;
SnapshotImpl* next_;

SnapshotList* list_;
};
```

综上所述，相信读者已对快照这个双向链表有了大概的认识，为了更清晰地向读者展示快照双向链表的“真面目”，图 4-9 对这一结构进行了直观展示。

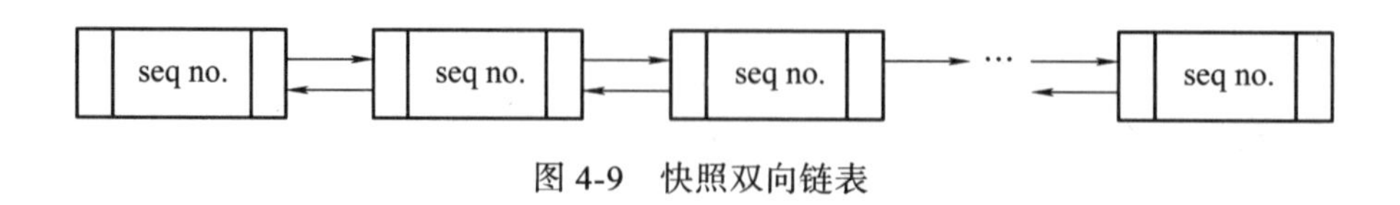

图 4-9　快照双向链表

前面已经讲过，用户是通过调用 Db->GetSnapshot() 函数创建一个快照，而这个函数内部本质上就是调用了 SnapshotList 的 New 方法，在链表中创建并插入一个新的快照节点，而新节点保存的就是当前 DB 的最新序列号。而对应的 db->ReleaseSnapshot() 方法，则是调用对应的 Delete 方法将该快照节点从链表中删除。

而对于某一个快照中的数据读取，之前在 Get 方法的介绍中也了解到，当向 MemTable 或 SSTable 根据 key 进行数据索引时，是通过构造了一个 LooupKey 来进行索引的。而 LookupKey 主要由两部分构成：用户 key 与对应的序列号，而 LookupKey 中的序列号来自 Get 方法中的选项参数 snapshot。选项参数 snapshot 序列号由 DB->GetSnapshot() 方法返回得到。

4.5　小结

本章针对 LevelDB 的整体架构与思路进行了详细的描述，并介绍了其与 Bigtable 之间的关系以及架构上的异同。然后针对几个主要接口，如 Open、Get、Put 等，结合代码与流程图对其主要实现流程与内部原理进行了详细介绍，读者可以将这些接口与第 3 章内容进行对照学习，从而进一步了解 LevelDB 的原理与实现机制。

第 5 章 Chapter 5

公用基础类

本章主要介绍 LevelDB 的公用基础类与基础接口方法，包括如何进行跨平台编程、文件读写、线程和时间操作、数值编码以及内存管理。后续章节介绍的 Log 模块、MemTable 模块、SSTable 模块都会使用这些公用基础类来实现。学习本章不仅有助于后续模块的学习，对平时工作中的代码编写也有很大的参考和借鉴意义。

5.1 LevelDB 跨平台编程

LevelDB 是一个跨平台的键 – 值数据库，为了实现跨平台操作，LevelDB 将所有与操作系统相关的功能均通过接口进行抽象。因此当需要将 LevelDB 移植到一个新的操作系统时，只需遵循一定的规范并实现相应的操作接口即可。本章将详细介绍 LevelDB 的跨平台移植方案。

5.1.1 LevelDB 操作系统可移植方案

LevelDB 是一个运行于操作系统上的应用程序，需要对系统进程、线程、I/O 进行相应的操作，以实现各种不同的功能。因这些底层的资源、操作系统不同，其对应的接口也不相同。为了使 LevelDB 能尽可能多地部署在各种不同的操作系统中，在设计之初就将其底层与操作系统相关的一些功能单独抽象出一个通用的接口，即上层的应用程序可调用这一内部定义的接口。而在底层，不同的操作系统会对这些接口进行相应的代码实现。使用时，可以通过不同的宏定义，实现在不同的操作系统平台下的编译与运行。

在 LevelDB 的源码目录中有一个 port 文件夹，该文件夹下的代码主要为了实现不同操作系统的接口抽象。其中，port.h 是上层模块调用底层操作系统资源时需要引用的接口，见代码清单 5-1。而该文件实现的代码也比较简单，只是简单地包含了 string.h、port/port_posix.h、port/port_chromium.h 这 3 个头文件。通过在编译过程中定义相应的宏，从而选择是运行在 POSIX 标准的操作系统平台上还是运行在 Chromium 平台上。

代码清单 5-1　port.h 文件代码

```
#include <string.h>
//通过定义不同的宏来选择运行环境，并导入运行环境需要的头文件
#if defined(LEVELDB_PLATFORM_POSIX)
#  include "port/port_posix.h"
#elif defined(LEVELDB_PLATFORM_CHROMIUM)
#  include "port/port_chromium.h"
#endif
```

从上述文档注释中可以看出，LevelDB 为了在各种不同的操作系统上运行，提供了后续扩展的可能。如果需要将 LevelDB 移植到一个新的操作系统平台，则只需要重新在该操作系统上实现 LevelDB 所需要的最小接口。port_example.h 给出了最小接口的文档定义，而具体的实现则根据各种不同的目标移植平台实现定制化。

5.1.2　LevelDB 移植到操作系统接口规范

本节将对 port_example.h 进行深入分析，从而使读者了解如何将 LevelDB 移植到一个新的操作系统平台上。

port_exmaple.h 定义了一系列的数据结构与方法，主要分为 4 个部分。

1. 操作系统的大小端模式

大小端模式决定了操作系统中数据存储的方式。一般而言，低地址保存数据低位，高地址保存数据高位，则为小端模式；而低地址保存数据高位，高地址保存数据低位，则为大端模式。在 port_example.h 中，首先定义了一个静态常量 kLittleEndian（见代码清单 5-2），并根据目标操作系统的实际大小端模式进行初始化赋值。如果操

作系统为小端模式，则该值为 true，反之则为 false。

代码清单 5-2　静态常量 kLittleEndian 定义

```
// 对小端模式的操作系统，kLittleEndian为true，大端模式该值为false
static const bool kLittleEndian = true;
```

2. 与多线程编程相关的数据结构与对象

为了实现多线程之间的数据操作与共享，线程同步必不可少。LevelDB 是一个多线程的系统，因此需要一些保护机制来实现线程的同步，以实现对一些共享资源的保护与并发读写。LevelDB 主要有 3 种机制来实现线程同步，分别为互斥量 Mutex、条件变量 CondVar、原子指针 AtomicPointer。这 3 部分的实现与操作系统底层高度相关，也是将 LevelDB 移植到新操作系统的工作重点。

（1）Mutex

Mutex 是英文 Mutual exclusion 的缩写，译为“互斥”，是一种实现线程同步的主要方法。互斥量 Mutex 从行为上看就像一把锁，因此通常也称其为互斥锁，互斥锁可以对需要共享的数据资源进行保护。如果一个程序中有多个线程，任何时候均只有一个线程可以拥有这个互斥量，并且只有在拥有这个互斥量时才能对共享的数据资源进行访问。

Mutex 通常被实例化为一个全局变量，程序中的所有线程均有权请求访问该全局变量，并获取该互斥锁实例。线程通过调用 Lock() 方法获取该互斥锁，通过调用 Unlock() 释放该互斥锁。获取互斥锁的线程在调用 Unlock() 之前，其他所有线程在调用 Lock() 以请求互斥锁时均会被阻塞，并一直等待至锁被释放。可以看出，互斥锁任何时刻均只允许一个线程执行 Lock() 与 Unlock() 之间的代码。代码清单 5-3 定义了互斥锁 Mutex 所需实现的主要接口。

值得注意的是，如果某一个线程已经调用了 Lock() 方法，然后在没有进行 Unlock() 操作的情况下再次调用 Lock()，会造成一种死锁的局面，从而造成线程永远阻塞。

代码清单 5-3　Mutex 类的定义

```
//Mutex代表一个互斥锁
class Mutex {
  public:
  Mutex();
```

```
    ~Mutex();

    //获取锁。如果锁已经被其他线程持有，则调用Lock()时本线程进入等待状态，直到其他线程释
    //放锁。如果本线程已经持有锁，则再次调用Lock()会导致死锁
    void Lock();

    //释放锁。注意，需要在同一个线程内调用Lock()获得锁之后才可以调用Unlock()释放锁
    void Unlock();

    //断言是否持有锁。如果一个线程不持有锁但是调用AssertHeld()，则可能会导致程序崩溃
    void AssertHeld();
};
```

（2）CondVar

条件变量 CondVar 是实现线程同步的另一种方法。前面描述的互斥量主要通过控制线程对数据的访问权，以实现多线程环境下的线程安全访问。在某些情况下需要根据某些条件是否满足，从而决定线程是等待还是继续执行。如果采用常规的方法实现这个功能，线程可以通过周期性轮询的模式去监测当前的条件是否满足。然而采用这种办法，线程一直处于活动状态，会一直占用 CPU 的计算资源，导致其他线程不能实现高效的异步操作。条件变量正是为了解决这个问题而设计的。

在使用条件变量时，活动线程在某种条件成立时调用函数 Signal() 或 SignalAll() 发送信号，以通知并唤醒当前正在阻塞等待的线程继续执行后续的指令。Signal() 一般只唤醒其中某一个阻塞的线程，而 SignalAll() 会唤醒所有正在等待的线程。LevelDB 也定义了条件变量 CondVar 的实现接口，如代码清单 5-4 所示。

代码清单 5-4　CondVar 类的定义

```
class CondVar {
  public:
  explicit CondVar(Mutex* mu);
  ~CondVar();
  void Wait();              //阻塞等待
  void Signal();            //唤醒一个等待的线程
  void SignallAll();        //唤醒所有等待的线程
};
```

一般而言，条件变量通常与互斥量搭配使用。从代码清单 5-4 中可以看出，CondVar 的构造函数传入了一个互斥量的参数 mu。当调用该对象的 Wait() 方法时，会原子性地释放对 mu 对象的所有权，从而开始阻塞等待，直至某个线程调用 SignalAll() 或 Signal() 再次将其唤醒。

（3）AtomicPointer

AtomicPointer是一种可以实现读写原子操作的指针数据类型，该指针类型可以用来实现无锁的数据存储操作。

从物理学上来看，所谓原子就是最小的一种物质结构，不可以再对其进行分割。而这里原子操作的概念主要指当进行某项操作时，执行过程不会被打断。可见原子操作一个最显著的特点就是其操作的不可分割性或者完整性。在多线程编程时，如果可以将一个操作定义成原子操作，那么就无须为这个操作进行加锁，以实现对其操作变量的保护。正是因为原子操作不需要额外定义相应的互斥锁或条件变量，因而对于多线程同步保护机制而言具有更高的效率。

代码清单5-5 给出了AtomicPointer类的定义。

代码清单 5-5 AtomicPointer 类的定义

```
class AtomicPointer {
 private:
 intptr_t rep_;
 public:
 AtomicPointer();
 explicit AtomicPointer(void* v) : rep_(v) { }
 void* Acquire_Load() const;
 void Release_Store(void* v);
 void* NoBarrier_Load() const;
 void NoBarrier_Store(void* v);
};
```

从代码中可以看出，AtomicPointer有一个私有的成员变量rep_，该变量为intptr_t类型，用于存储数据地址。不同的平台，intptr_t的定义也是不同的，但intptr_t主要用于存放地址，所以始终与平台所对应的地址位数相同。AtomicPointer有两种读写模式：一种是有屏障的读写模式，主要通过Acquire_Load()与Release_Store()实现；另一种是没有屏障的读写模式，主要通过NoBarrier_Load()与NoBarrier_Store()实现。

采用Acquire_Load()方法进行读取，可以保证调用该方法之后的所有内存读写访问均不会被重排到Acquire_Load()方法之前执行。采用Release_Store()方法进行写操作，可以保证写操作之前的所有内存读写均不会被重排到这条写操作之后去执行。正是由于采用这两个内存屏障进行读写的方法，从而保证了程序在数据读写时上下文逻辑的正确性。5.1.4节将具体介绍AtomicPointer在POSIX平台的相关实现。

除此以外，与多线程安全相关的接口还定义了一个线程安全的函数接口 InitOnce，该接口主要用于实现一次初始化操作。无论调用 InitOnce 接口多少次，均可以保证初始化操作只被执行一次。

代码清单 5-6 不仅给出了 InitOnce 函数接口的定义，也给出了使用的方法。OnceType 定义了初始化操作的执行状态，主要有 3 种：NEVER（0）、IN_PROGRESS（1）、DONE（2）。在调用时需要将 OnceType 的值设为 0，这样实际的初始化操作才能顺利执行。initializer 是需要进行初始化操作的函数主体，这里主要通过函数指针的形式进行参数传递。

代码清单 5-6　InitOnce 函数的定义

```
typedef intptr_t OnceType;
#define LEVELDB_ONCE_INIT 0
extern void InitOnce(port::OnceType*, void (*initializer)());
```

3. Snappy 压缩接口

Snappy 是 Google 开源的一个压缩 / 解压库。这个库不单纯地追求压缩率，或者与其他压缩程序库的兼容性。Snappy 具有非常快的压缩速度，并且压缩率也并不比其他压缩库逊色。在 Intel Core i7 处理器的单核环境下，压缩速度能达到 250MB/s，解压速度能达到 500MB/s。Snappy 主要采用 C++ 语言编写实现，并且没有使用内联汇编，因而具有非常好的移植性。为了更好地实现在不同平台下的接口统一，LevelDB 针对不同平台的 Snappy 库进行封装，并提供了 3 个通用的接口，如代码清单 5-7 所示。

代码清单 5-7　Snappy 库接口函数的定义

```
// 将参数input指针指向的数据（参数length表明待压缩数据的长度）进行Snappy压缩并且将压
//缩内容放到参数output中。如果不支持Snappy压缩则返回false
extern bool Snappy_Compress(const char* input, size_t input_length,
                            std::string* output);

// 计算参数input指针指向的数据(参数input_length表明待解压缩数据的长度)进行Snappy解
//压缩后的数据长度，并将其存储到参数result中。如果无法按照Snappy解压缩，则返回false
extern bool Snappy_GetUncompressedLength(const char* input,
                         size_t length, size_t* result);
// 将参数input_data指针指向的数据(参数input_length表明待解压缩数据的长度)进行
//Snappy解压缩，并且将解压缩内容放到参数output中。如果无法进行Snappy解压缩，则返回
false
```

```
extern bool Snappy_Uncompress(const char* input_data,size_t input_length,
                              char* output);
```

4. 其他接口

其他接口主要包括与堆内存快照相关的GetHeapProfile方法，以及实现加速CRC校验的AcceleratedCRC32C方法。这两个辅助接口主要用于提升系统效率以及完善某些功能，但并不是系统运行所必需的。例如，对于GetHeapProfile方法来讲，如果平台层面并不支持这种功能，则可以直接返回false；对于AcceleratedCRC32C方法，如果不能采用加速的方法实现，也可以直接返回0。GetHeapProfile和AcceleratedCRC32C方法的定义参见代码清单5-8。

代码清单 5-8 GetHeapProfile 和 AcceleratedCRC32C 方法的定义

```
extern bool GetHeapProfile(void (*func)(void*, const char*, int), void*
arg);
uint32_t AcceleratedCRC32C(uint32_t crc, const char* buf, size_t size);
```

本节只给出了LevelDB移植到新的操作系统所需实现的标准接口，5.1.3节和5.1.4节将会以POSIX兼容的操作系统为例，结合源码讲解具体的实现细节，从而为读者在进行操作系统移植时提供参考。

5.1.3 POSIX可移植操作系统接口

UNIX由于其开源性，在当今的操作系统市场上占据重要的地位，也常常被用于制订一些标准系统接口。而在目前的UNIX系统生态中，也存在许多不同的版本。然而，这些不同版本的类UNIX操作系统都遵循着同一套核心的编程接口，让这些程序能在各种类UNIX系统中简单部署。之所以能实现这种源码级程序的可移植，就在于UNIX生态中有一个POSIX标准。

众所周知，目前UNIX或Linux在服务器端占据了极高的市场份额。对于LevelDB这种面向海量存储的数据库而言，UNIX或Linux系统是其运行的主要平台。正因如此，原生的LevelDB针对各种类别的UNIX或Linux系统，基于通用的POSIX标准实现了相应的接口。POSIX是由IEEE与ISO/IEC开发的一簇标准，该标准基于现有的UNIX实践与经验，为各种在UNIX操作系统上运行的软件，定义了一系列相互关联的标准API、命令行以及通用接口，从而保证这些应用程序的源码可以在多种操作系统上进行移植。值得一提的是，在20世纪90年代初期，POSIX正处于成形期，而当时的 Linux 也刚刚起步。可以说，当时的 POSIX 标准为 Linux 的底层设计提供了极为重要的参考，为后来 Linux 与绝大多数的 UNIX 系统兼容奠定了基础。

根据对 POSIX 标准的遵守程度，可以对某一个操作系统进行认证，即完全兼容或部分兼容 POSIX。目前获得 POSIX 认证的有 macOS、Solaris 等，而像 Android、Darwin、FreeBSD、Linux、NetBSD、OpenBSD 这些系统也实现了 POSIX 标准的绝大多数功能。而在微软的 Windows 平台，Cygwin 和 MinGW 均提供了一个 POSIX 兼容的开发与运行环境，而 Windows NT 也实现了一部分 POSIX 标准。

在 LevelDB 源码中的 port 文件夹下，port_posix.h 与 port_posix.cc 实现了除 AtomicPointer（将在 5.1.4 节介绍）以外的所有接口函数。包括大小端模式的定义、互斥量 Mutex、条件变量 CondVar、线程安全的一次初始化方法 InitOnce，以及与 Snappy 压缩相关的 3 个方法。

1. 大小端定义

port_posix.h 头文件通过一系列的宏定义操作，实现对大小端模式的初始化操作。从这些宏定义可以间接看出，LevelDB 所支持的兼容 POSIX 标准的操作系统平台主要有 macOS、Solaris、FreeBSD、NetBSD、OpenBSD、DragonflyBSD、Android、HPUX 以及 Cygwin。

从代码清单 5-9 中可以看出，通过在编译过程对操作系统平台进行检测，从而预定义对应的宏。例如，macOS 操作系统在编译前预定义了宏 OS_MACOSX，因而会在编译过程中引入对应的头文件，并重新定义宏 PLATFORM_IS_LITTLE_ENDIAN 为一个布尔量，以表示当前的操作系统是否为小端模式，如果为小端模式则为 true，反之为 false。代码清单 5-9 将前面的宏 PLATFORM_IS_LITTLE_ENDIAN 赋值给静态常量 kLittleEndian，从而实现操作系统大小端模式的初始化。

代码清单 5-9 操作系统平台检测代码

```
#undef PLATFORM_IS_LITTLE_ENDIAN
#if defined(OS_MACOSX)
 #include <machine/endian.h>
 #if defined(__DARWIN_LITTLE_ENDIAN) && defined(__DARWIN_BYTE_ORDER)
  #define PLATFORM_IS_LITTLE_ENDIAN \
    (__DARWIN_BYTE_ORDER == __DARWIN_LITTLE_ENDIAN)
 #endif
#elif defined(OS_SOLARIS)
 #include <sys/isa_defs.h>
```

```
 #ifdef _LITTLE_ENDIAN
  #define PLATFORM_IS_LITTLE_ENDIAN true
 #else
  #define PLATFORM_IS_LITTLE_ENDIAN false
 #endif
#elif defined(OS_FREEBSD) || defined(OS_OPENBSD) ||\
   defined(OS_NETBSD) || defined(OS_DRAGONFLYBSD)
 #include <sys/types.h>
 #include <sys/endian.h>
 #define PLATFORM_IS_LITTLE_ENDIAN (_BYTE_ORDER == _LITTLE_ENDIAN)
#elif defined(OS_HPUX)
 #define PLATFORM_IS_LITTLE_ENDIAN false
#elif defined(OS_ANDROID)
  #include <endian.h>
  #define PLATFORM_IS_LITTLE_ENDIAN (_BYTE_ORDER == _LITTLE_ENDIAN)
#else
  #include <endian.h>
#endif
…
static const bool kLittleEndian = PLATFORM_IS_LITTLE_ENDIAN;
#undef PLATFORM_IS_LITTLE_ENDIAN
```

2. 与线程相关的几个接口与类型

每一个开发者都应该熟悉线程。能用好线程并具备多线程编程的能力，是程序员实现高阶开发目标的必经之路。然后在计算机刚开始应用之初，不同的硬件厂商均有其自身特定的线程实现方法，由于硬件平台的不同，每个硬件厂商所提供的线程方法也大相径庭，因此给需要开发可移植线程应用的开发者带来了不小的困难。

为了解决这个问题，POSIX 标准特意提出了 POSIX threads 的概念，简称 Pthreads。这一标准也得到了众多硬件制造商的响应，并且提供了对 Pthreads 的支持。有关 Pthreads 的相关标准性文件，可以参考以下几个链接。

- standards.ieee.org/findstds/standard/1003.1-2008.html
- www.opengroup.org/austin/papers/posix_faq.html
- www.UNIX.org/version3/ieee_std.html

Pthreads 是一套用 C 语言实现的编程类型与方法，在 pthread.h 头文件中定义了 Pthreads 的所有接口方法，主要可以分为 4 类。

- 线程管理：例如线程的创建、销毁等。

- 互斥量：用于线程同步，互斥量的接口方法包括创建、销毁、锁与解锁等。
- 条件变量：条件变量也是一种线程同步模式，主要接口包括条件变量的创建、销毁、等待与发送条件信号。
- 同步机制：用于管理读写的锁或屏障。

LevelDB 为了支持线程，主要是对互斥量与条件变量的接口进行了实现。互斥量的具体实现见代码清单 5-10。

代码清单 5-10　互斥量的实现

```
static void PthreadCall(const char* label, int result) {
  if (result != 0) {
    fprintf(stderr, "pthread %s: %s\n", label, strerror(result));
    abort();
  }
}
Mutex::Mutex() { PthreadCall("init mutex",
                              pthread_mutex_init(&mu_, NULL)); }
Mutex::~Mutex() { PthreadCall("destroy mutex",
                              pthread_mutex_destroy(&mu_)); }
void Mutex::Lock() { PthreadCall("lock", pthread_mutex_lock(&mu_)); }
void Mutex::Unlock() { PthreadCall("unlock",
                              pthread_mutex_unlock(&mu_)); }
```

为了便于多线程环境下程序的调试，代码清单 5-10 中定义了一个静态的方法 PthreadCall，其参数主要有两个：一个是字符串 label，用于描述函数实现的具体功能，如互斥量的初始化、销毁等；另一个是整型 result，用于表示函数调用时返回的错误代码，一般而言，如果函数调用正常，则 result 返回为 0，如果不为 0，则 PthreadCall 通过 fprintf 打印一条具体的错误信息。

对于支持 Pthreads 的操作系统平台而言，互斥量通常被声明为 pthread_mutex_t 类型的变量，读者可以在 port_posix.h 头文件中看到 Mutex 类下有一个 pthread_mutex_t 类型的私有成员变量 mu_。互斥量类 Mutex 的构造和析构函数分别调用了 pthread_mutex_init 与 pthread_mutex_destroy，这两个函数分别针对变量 mu_ 进行创建与销毁。值得说明的是，当 mu_ 通过调用 pthread_mutex_init 进行初始化操作后，其状态最初是 unlocked。而 Mutex::Lock 与 Mutex::Unlock 两个成员函数，也是分别调用对应的 pthread_mutex_lock 与 pthread_mutex_unlock 实现对互斥量 mu_ 的锁与解锁操作。可以看出，通过定义统一的 Mutex 类将线程底层相关的 API 进行封装，互斥量的所有操作均得以简化，从而为后续调用提供了便利。

前面已经讲过，条件变量是实现线程同步的另一种方法。与互斥量不同，条件变量可以根据某个变量的实际值或某种条件发生变化，来实现线程同步机制。条件变量在POSIX平台的具体实现见代码清单5-11。

代码清单5-11　条件变量的实现

```
CondVar::CondVar(Mutex* mu)
  : mu_(mu) {
  PthreadCall("init cv", pthread_cond_init(&cv_, NULL));
}
CondVar::~CondVar() { PthreadCall("destroy cv",
                    pthread_cond_destroy(&cv_)); }
void CondVar::Wait() {
  PthreadCall("wait", pthread_cond_wait(&cv_, &mu_->mu_));
}
void CondVar::Signal() {
  PthreadCall("signal", pthread_cond_signal(&cv_));
}
void CondVar::SignalAll() {
  PthreadCall("broadcast", pthread_cond_broadcast(&cv_));
}
```

与互斥量类似，在Pthreads中，条件变量也有一个对应的类型，即pthread_cond_t。同样，在port_posix.h头文件中，CondVar类在进行声明时就定义了pthread_cond_t类型的私有成员变量cv_。

从代码清单5-11中不难发现，条件变量的创建与销毁和前面提到的互斥量接口类似，CondVar的构造函数与析构函数分别调用了pthread_cond_init与pthread_cond_destroy，实现对cv_的初始化与销毁。不同的是，CondVar的构造函数传入了一个Mutex的指针参数mu，并将其赋值给CondVar内部的成员变量mu_。之所以需要接受一个Mutex的参数变量，是因为条件变量通常需要与互斥量搭配使用。而在CondVar::Wait中所调用的pthread_cond_wait方法，需要传入两个参数：一个是pthread_cond_t类型变量，另一个是pthread_mutex_t变量。而在这里，pthread_cond_wait使用了互斥量Mutex类中的私有的pthread_mutex_t的成员变量&mu_->mu_。可能读者会好奇，为什么Mutex类的实例在使用时可以直接访问其私有变量，原因是在Mutex类的定义中将CondVar类声明为friend class。回过头来讲pthread_cond_wait，调用这个方法会使线程一直处于阻塞状态，直到某一个特定的条件被激活。(激活方法就是调用后面将介绍的 pthread_cond_signal 或 pthread_cond_broadcast 方法。) 当线程调用 pthread_cond_wait 方法后，会自动释放对互斥量 mu_ 的所有权，而当线程被重新唤醒时，互斥量 mu_ 会自动重新上锁，线程重新拥有互斥量的所有权。调用 pthread_cond_signal，可以唤醒正在等待条件变量的另一个线程，如果有多个线程均阻塞在等待状态，则可以调用 pthread_cond_broadcast 实现。

提示：为什么 pthread_cond_wait 一般用在 while 循环中，而不是 if 语句中?

在程序运行时，pthread_cond_wait 有可能被意外唤醒，而如果此时并没有满足真正的唤醒条件，则该程序将不会按照我们预定的思路进行执行。发生意外唤醒的原因有可能来自程序本身的缺陷，也有可能来自虚假唤醒 (spurious wakeup)。有关虚假唤醒的详细介绍，请参考 https://en.wikipedia.org/wiki/Spurious_wakeup。

3. Snappy 压缩接口实现

Snappy 是一个 C++ 编写的开源压缩库，兼容 POSIX 标准的操作系统可以直接采用 CMake 进行源码的编译。port_posix.h 可以通过预定义宏 SNAPPY 决定是否支持 Snappy 压缩。我们可以发现，针对 Snappy 的 3 个接口方法，port_posix.h 均采用内联函数的形式进行了实现，具体实现见代码清单 5-12。这 3 个接口也主要是通过调用 Snappy 所定义的几个接口实现的，关于 Snappy 的接口定义，感兴趣的读者可以查阅官方网站。

代码清单 5-12　Snappy 接口的实现

```
#ifdef SNAPPY
#include <snappy.h>
#endif
inline bool Snappy_Compress(const char* input, size_t length,
                            ::std::string* output) {
#ifdef SNAPPY
  output->resize(snappy::MaxCompressedLength(length));
  size_t outlen;
  snappy::RawCompress(input, length, &(*output)[0], &outlen);
  output->resize(outlen);
  return true;
#endif
  return false;
}
inline bool Snappy_GetUncompressedLength(const char* input,
```

```
                                        size_t length,
                                        size_t* result) {
#ifdef SNAPPY
  return snappy::GetUncompressedLength(input, length, result);
#else
  return false;
#endif
}
inline bool Snappy_Uncompress(const char* input, size_t length,
                              char* output) {
#ifdef SNAPPY
  return snappy::RawUncompress(input, length, output);
#else
  return false;
#endif
}
```

5.1.4 原子指针与内存屏障

在5.1.2节中介绍了在LevelDB中需要实现无锁操作的原子指针类型，即AtomicPointer。一般而言，原子指针在不同的硬件平台下需要为该平台提供对应的实现方法。整体而言有两种方法：一是直接采用硬件平台提供的内存屏障，结合原始的指针类型进行实现；二是采用高版本的GCC编译环境所支持的原子类型，以实现原子指针的功能。而在LevelDB中优先采用内存屏障的方法，主要原因有以下两个：一是作者在采用GCC 4.4生成的程序中，遇到了一些与原子类型有关的bug；二是有些基于原子类型的实现方法比采用内存屏障要慢得多，例如基于原子类型的读取操作约需要16ns，而如果采用内存屏障则只需要1ns，可见两者速度相差了约16倍。

在atomicpointer.h这个头文件里，包含了LevelDB支持的所有平台中的有关原子指针的具体实现。从硬件体系上看，这些平台包括x86、x64、ARM或PPC等；而从操作系统上看，则包括Windows、macOS、Linux等。atomicpointer.h的代码参考了Google另一个开源项目perftools。读者可以在该项目链接https://github.com/gperftools/gperftools/tree/master/src/base下，找到文件名前缀为atomicops-internals-的一系列文件。细心的读者可以发现，LevelDB中的atomicpointer.h基本上就是借鉴了这些文件中的某些代码片段，从而实现LevelDB所需要的AtomicPointer接口的相关功能。

1. 内存屏障

在并行编程中，内存屏障是一个必须掌握的知识点。内存屏障可以避免程序在编译过程中或运行过程中因读写操作乱序所带来的一系列问题。有关内存屏障的详细的介绍，可以参照以下链接：

- https://en.wikipedia.org/wiki/Memory_barrier；
- http://www.rdrop.com/users/paulmck/scalability/paper/whymb.2010.06.07c.pdf。

代码清单 5-13 展示了在不同的平台下如何使用内存屏障，并定义了一个标准的 MemoryBarrier() 接口，以供后续使用。

代码清单 5-13　内存屏障定义

```
// Windows x86平台
#if defined(OS_WIN) && defined(COMPILER_MSVC) && defined(ARCH_CPU_X86_FAMILY)
// windows.h已经实现了一个MemoryBarrier(void)的宏，详情请参考
// http://msdn.microsoft.com/en-us/library/ms684208(v=vs.85).aspx
#define LEVELDB_HAVE_MEMORY_BARRIER
// mac OS平台
#elif defined(OS_MACOSX)
inline void MemoryBarrier() {
  OSMemoryBarrier();
}
#define LEVELDB_HAVE_MEMORY_BARRIER
// GCC on x86
#elif defined(ARCH_CPU_X86_FAMILY) && defined(__GNUC__)
inline void MemoryBarrier() {
  __asm__ __volatile__("" : : : "memory");
}
#define LEVELDB_HAVE_MEMORY_BARRIER
// Sun平台
#elif defined(ARCH_CPU_X86_FAMILY) && defined(__SUNPRO_CC)
inline void MemoryBarrier() {
    // 可参考 http://gcc.gnu.org/ml/gcc/2003-04/msg01180.html的讨论，也可以参考
    // http://en.wikipedia.org/wiki/Memory_ordering
    asm volatile("" : : : "memory");
}
#define LEVELDB_HAVE_MEMORY_BARRIER
// ARM Linux平台
#elif defined(ARCH_CPU_ARM_FAMILY) && defined(__linux__)
typedef void (*LinuxKernelMemoryBarrierFunc)(void);
inline void MemoryBarrier() {
  (*(LinuxKernelMemoryBarrierFunc)0xffff0fa0)();
```

```
}
#define LEVELDB_HAVE_MEMORY_BARRIER
// ARM64平台
#elif defined(ARCH_CPU_ARM64_FAMILY)
inline void MemoryBarrier() {
  asm volatile("dmb sy" : : : "memory");
}
#define LEVELDB_HAVE_MEMORY_BARRIER
// PPC平台
#elif defined(ARCH_CPU_PPC_FAMILY) && defined(__GNUC__)
inline void MemoryBarrier() {
  asm volatile("sync" : : : "memory");
}
#define LEVELDB_HAVE_MEMORY_BARRIER
// MIPS平台
#elif defined(ARCH_CPU_MIPS_FAMILY) && defined(__GNUC__)
inline void MemoryBarrier() {
 __asm__ __volatile__("sync" : : : "memory");
}
#define LEVELDB_HAVE_MEMORY_BARRIER
#endif
```

根据代码清单 5-13，表 5-1 总结了其支持的所有平台所使用的内存屏障的主要方法，读者可以进行借鉴。当然代码清单 5-13 中，根据每种平台调用的不同方法也给出了一些注释，并附带了一系列的网站链接，读者有兴趣可以按这些链接提供的资料进行学习，相信能提供更多关于内存屏障的详细资料。

表 5-1　LevelDB 支持的各种平台的内存屏障实现方法

CPU 体系架构	操作系统平台	内存屏障
x86	Windows	MemoryBarrier()
/	macOS	OSMemoryBarrier()
x86	GCC	__asm__ __volatile__ ("" : : : "memory")
x86	Sun Studio	asm volatile ("" : : : "memory")
ARM	Linux	(*(LinuxKernelMemoryBarrierFunc) 0xffff0fa0) ()
ARM64	/	asm volatile ("dmb sy" : : : "memory")
PowerPC	/	asm volatile ("sync" : : : "memory")
MIPS	/	__asm__ __volatile__ ("sync" : : : "memory")

如果编译部署的平台在表 5-1 所描述的范围内，即支持内存屏障，那么 AtomicPointer 会采用代码清单 5-14 所示的实现方法。

代码清单 5-14 AtomicPointer 在支持内存屏障平台的实现

```
class AtomicPointer {
 private:
 void* rep_;
 public:
 AtomicPointer() { }
 explicit AtomicPointer(void* p) : rep_(p) {}
 inline void* NoBarrier_Load() const { return rep_; }
 inline void NoBarrier_Store(void* v) { rep_ = v; }
 inline void* Acquire_Load() const {
  void* result = rep_;
  MemoryBarrier();
  return result;
 }
  inline void Release_Store(void* v) {
  MemoryBarrier();
  rep_ = v;
}
};
```

可以看出，NoBarrier_Load 与 NoBarrier_Store 两个方法主要就是 void 指针的直接读取或写入，而 Acquire_Load 方法在对 result 赋值后以及最终 return 返回前调用了 MemoryBarrier() 方法。而 Release_Store 方法则是在对 void 指针 rep_ 进行写入前调用了 MemoryBarrier() 方法。通过分别调用 MemoryBarrier() 方法，从而保证了指针在读写时不会打乱内存序，从而按照既定的逻辑进行执行。

2. atomic 类型对象

标准的 C++ 中原子类型均定义在 atomic 头文件中。如果对应的平台支持 atomic 类型，则可以直接引用这个头文件。

```
#include <atomic>
```

当某个线程需要对某个变量进行写入，而另一个线程正好需要读取这个变量时，如果这个变量是 atomic 类型就不会发生不可预料的乱序行为逻辑，并且内存的访问也将按照既定的逻辑顺序执行。

C++ 中 std::atomic 被定义为模板类，主要有以下 4 种不同的使用形式。

```
template< class T > struct atomic;
template< class T > struct atomic<T*>;
template<> struct atomic<Integral>;
```

```
template<> struct atomic<bool>;
```

前两种是典型的模板类的定义，通过指定T的类型，从而按需定义一个类型为T的atomic对象，或者一个类型为T的指针型atomic对象，T可以是C++的基本类型，如char、int、short、double，也可以是一个由用户定义的struct或class类型。后两种提供了针对整型与布尔型的特例化实现。

store与load是atomic模板类中两个重要的成员函数，其函数定义如表5-2所示。

表5-2 atomic关键成员函数列表

函 数	参 数	返回值
store	T desired std::memory_order order = std::memory_order_seq_cst	void
load	std::memory_order order = std::memory_order_seq_cst	T

顾名思义，store用于数据写，load用于数据读，而代码清单5-15主要是应用了这两个成员函数实现原子化操作。在store与load函数的参数中，有一个std::memory_order类型的参数order。std::memory_order是一个枚举类型，其定义如下所示。

```
typedef enum memory_order {
    memory_order_relaxed,
    memory_order_consume,
    memory_order_acquire,
    memory_order_release,
    memory_order_acq_rel,
    memory_order_seq_cst
} memory_order;
```

std::memory_order，相当于定义了6种应用于原子变量的内存序。由于C++中的这6种内存序以及内存模型涉及的知识较多，因此本书不做讲解，有兴趣的读者可以参照http://en.cppreference.com/w/cpp/atomic/memory_order学习。从代码清单5-15中看出，NoBarrier_Load与NoBarrier_Store均采用memory_order_relaxed，即松弛次序。从字面意思上看，这种模式对多线程间的同步没有进行约定限制，因而当同一个变量受到多个不同的线程访问时，其操作顺序是未定义的或不确定的。而Acquire_Load和Release_Sotre两个方法分别基于memory_order_acquire与memory_order_release，即采用获取–释放内存序（acquire-release ordering）方式，实现了同一个变量的多线程读写操作的同步。

代码清单 5-15 AtomicPointer 类实现

```
class AtomicPointer {
 private:
  std::atomic<void*> rep_;
 public:
  AtomicPointer() { }
  explicit AtomicPointer(void* v) : rep_(v) { }
  inline void* Acquire_Load() const {
    return rep_.load(std::memory_order_acquire);
  }
  inline void Release_Store(void* v) {
    rep_.store(v, std::memory_order_release);
  }
  inline void* NoBarrier_Load() const {
    return rep_.load(std::memory_order_relaxed);
  }
  inline void NoBarrier_Store(void* v) {
    rep_.store(v, std::memory_order_relaxed);
  }
};
```

5.2 文件操作

在 Env 的抽象接口中，与文件有关的接口方法包括 NewSequentialFile、NewRandomAccessFile、NewWritableFile/NewAppendableFile，它们的最后一个参数分别为 SequentialFile、RandomAccessFile、WritableFile。这 3 个类分别定义了 3 种类型的文件操作接口。针对 LevelDB 文件 I/O 的应用场景，这 3 类文件操作主要有以下作用。

- SequentialFile：顺序读，如日志文件的读取、Manifest 文件的读取。
- RandomAccessFile：随机读，如 SSTable 文件的读取。
- WritableFile：顺序写，用于日志文件、SSTable 文件、Manifest 文件的写入。

5.2.1 顺序文件操作

1. 顺序读

SequentialFile 定义了文件顺序读抽象接口，其定义如图 5-1 所示。除了构造函数与析构函数外，主要有两个接口方法，即 Read 与 Skip。

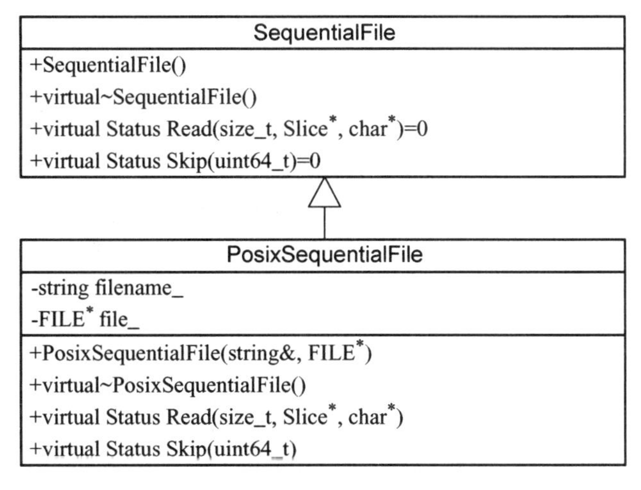

图 5-1　SequentialFile 类定义

Read 方法用于从文件当前位置顺序读取指定的字节数，其函数原型如下。

```
virtual Status Read(size_t n, Slice* result, char* scratch) = 0;
```

参数 n，指定了从文件当前位置所需要读取的字节数；参数 result 与 scratch 均为输出参数，scratch 将返回读取的 *n* 个字节，而 result 采用 Slice 的形式，即以字符串的形式对读取的字节进行封装。如果从文件当前位置到文件末尾不足 *n* 个字节，那么读取的字节数将小于 *n* 个字节，因而最终封装到 Slice 类型的 result 对象，其字符串长度小于或等于 *n*。

Skip 方法用于从当前位置，顺序向后忽略指定的字节数，其函数原型如下。

```
virtual Status Skip(uint64_t n) = 0;
```

参数 n 指定了从文件当前位置需要忽略的字节数。如果从当前位置到文件末尾的字节数不足 *n* 个字节，那么直接忽略到文件末尾。在对整个文件顺序读取时，其中某些段的信息并不是用户需要的，该方法可以忽略该信息，从而读取需要的信息段。当然，这种功能也可采用 Read 方法实现，即将读取后返回的字节直接抛弃。然而出于对性能的考虑，再设定一个 Skip 方法，主要是为了使这一过程比 Read 方法具有更快的执行速度。

无论是 Read 方法还是 Skip 方法，对于多线程环境而言均不是线程安全的访问方法，需要开发者在调用过程中采用外部手段进行线程同步操作。

PosixSequentialFile，是在符合 POSIX 标准的文件系统上对顺序读的实现，如代码清单 5-16 所示。PosixSequentialFile 在实现中定义了两个私有成员变量：一个是 string 类型的 filename_，用于表示对应的文件名；另一个是 FILE 类型的指针，用于保存采用 fopen 方法打开文件后返回的对象。

代码清单 5-16 PosixSequentialFile 类定义

```
class PosixSequentialFile: public SequentialFile {
 private:
 std::string filename_;
 FILE* file_;

 public:
 PosixSequentialFile(const std::string& fname, FILE* f)
   : filename_(fname), file_(f) { }
 virtual ~PosixSequentialFile() { fclose(file_); }

 virtual Status Read(size_t n, Slice* result, char* scratch) {
   Status s;
   size_t r = fread_unlocked(scratch, 1, n, file_);
   *result = Slice(scratch, r);
   if (r < n) {
     if (feof(file_)) {
     } else {
       s = IOError(filename_, errno);
     }
   }
   return s;
 }
 virtual Status Skip(uint64_t n) {
  if (fseek(file_, n, SEEK_CUR)) {
   return IOError(filename_, errno);
 }
 return Status::OK();
 }
};
```

PosixSequentialFile 的构造函数主要用于私有成员变量的初始化操作，而析构函数则通过调用 fclose 实现文件的关闭操作。PosixSequentialFile 实现的重点在于 Read 方法与 Skip 方法。从源码看，Read 方法底层主要通过调用 fread_unlocked 来实现。在主流的 Linux 与 UNIX 平台中，并没有 fread_unlocked 函数，而这里的 fread_ unlocked 只是一个宏定义，实际上真正执行的是 fread。fread 是 C 标准库中的函数，定义在 stdio.h 头文件中，其原型如下所示：

```
size_t fread( void *buffer, size_t size, size_t count,
              FILE *stream );
```

fread 函数的参数含义介绍如下。

- buffer：指定了读取内容的字节数组的指针；
- size：每一个对象的字节大小；
- count：需要读取的对象个数；
- stream：需要读取的文件流。

fread 函数会返回成功读取的对象个数。在读取过程中，会出现返回的读取个数小于参数中指定的对象个数 count 的现象，出现这种现象有两种原因：一种是在读取过程中发生了错误；另一种是已读取到文件末尾。在代码清单 5-16 中也可以看出，当 fread_unlock 返回值 r 小于需要读取的对象个数 *n* 时，需要采用 feof 方法判断究竟是读取错误，还是直接读到了文件尾。fread 函数并不是一种线程安全的文件读方法，在读文件时不会锁住文件来对其独占，因而外部的并发访问需要自行提供同步机制。

Skip 方法底层调用的是 fseek。fseek 是 C 标准库中的函数，定义在 stdio.h 头文件中，用于从一个基准位置开始，在一个文件流上偏移指定大小，其原型如下。

```
int fseek( FILE *stream, long offset, int origin );
```

stream 指定了需要操作的文件流；offset 指定了以 origin 为基准的偏移量；origin 指定了偏移量的基准位置，只能有 3 种选择。

- SEEK_SET：以文件开头位置为基准；
- SEEK_CUR：以当前的读写位置为基准；
- SEEK_END：以文件末尾位置为基准。

值得说明的是，当 origin 为 SEEK_CUR 或 SEEK_END 时，offset 的值是可以为负数的。在代码清单 5-16 中，Skip 方法主要用于从文件当前读写位置跳过 *n* 个字节，因而 fseek 中的 origin 参数选取的是 SEEK_CUR。

2. 顺序写

WritableFile 定义了文件顺序写抽象接口，其定义如图 5-2 所示。WritableFile 主要有 4 个纯虚函数接口：Append、Close、Flush 与 Sync。

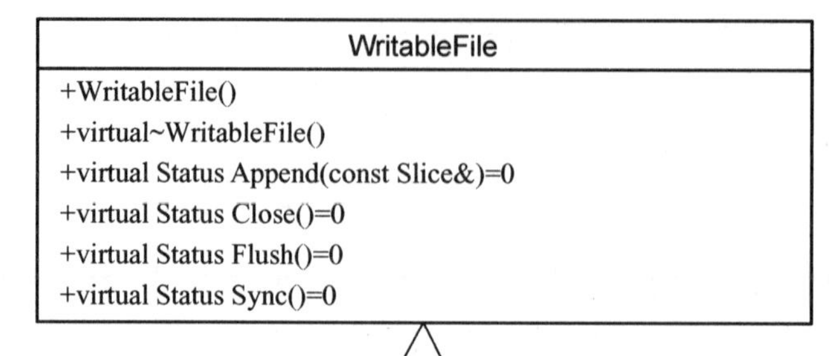

图 5-2　WritableFile 类定义

PosixWritableFile 是对符合 POSIX 标准平台的 WritableFile 的派生实现，如代码清单 5-17 所示。

代码清单 5-17　PosixWritableFile 类实现

```
class PosixWritableFile : public WritableFile {
 private:
  std::string filename_;
  FILE* file_;
 public:
  PosixWritableFile(const std::string& fname, FILE* f)
     : filename_(fname), file_(f) { }
  ~PosixWritableFile() {
   if (file_ != NULL) {
     fclose(file_);
   }
  }
  virtual Status Append(const Slice& data) {
   size_t r = fwrite_unlocked(data.data(), 1, data.size(), file_);
   if (r != data.size()) {
     return IOError(filename_, errno);
```

```
    }
    return Status::OK();
  }
  virtual Status Close() {
    Status result;
    if (fclose(file_) != 0) {
      result = IOError(filename_, errno);
    }
    file_ = NULL;
    return result;
  }
  virtual Status Flush() {
    if (fflush_unlocked(file_) != 0) {
      return IOError(filename_, errno);
    }
    return Status::OK();
  }
  virtual Status Sync() {
    Status s = SyncDirIfManifest();
    if (!s.ok()) {
      return s;
    }
    if (fflush_unlocked(file_) != 0 ||
        fdatasync(fileno(file_)) != 0) {
      s = Status::IOError(filename_, strerror(errno));
    }
    return s;
  }
};
```

结合 PosixWritableFile 对这 4 个接口的实现细节，每个接口的主要作用与实现方法如下。

- Append 用于以追加的方式对文件顺序写入，在 PosixWritableFile 的实现中，Append 主要采用 fwrite_unlock 方法实现。与 PosixSequentialFile 中的 fread_unlock 类似，fwrite_unlock 也是一个定义宏，而底层实际的接口为 C 标准库中的 fwrite。
- Close 用于关闭文件。关闭文件比较简单，在 PosixSequentialFile 中只是采用 fclose 函数进行文件关闭操作。
- Flush 用于将 Append 操作写入到缓冲区的数据强制刷新到内核缓冲区。PosixSequentialFile 中关于 Flush 的实现接口主要通过 fflush_unlock 实现，fflush_

unlock 本质上也是一个宏定义，其底层采用的是 C 标准库中的函数 fflush。

- Sync 用于将内存缓冲区的数据强制保存到磁盘。sync 的操作已经到了系统层面，PosixSequentialFile 关于 sync 的底层代码，实际上是采用 fsync 或 fdatasync 方法进行实现。

不了解文件 I/O 操作的开发者也许对上面的这些描述有点不明所以。为了使读者能更加深刻了解 Append、Flush 与 Sync 的作用和区别，可以研究 PosixWritableFile 的具体实现，并结合 Linux 或 UNIX 平台的文件 I/O 操作的基本原理与操作过程，对这几个接口方法进行深入分析。

文件写操作，本质上是将数据保存到硬盘的过程。传统机械硬盘的每次读写均以扇区为单位，读写时间主要花费在磁头的定位。众所周知，I/O 文件操作是目前计算机性能的主要瓶颈。而为了提高写入的性能，一般会在应用层与系统层间设立一定的缓冲区，从而尽可能地减少 I/O 次数，提高写入速度。然而采用缓冲区的机制也有一个局限，当数据只是存储在缓冲区，而系统还没有来得及对这些缓冲数据进行保存到磁盘的处理，而这时恰恰系统掉电，那么缓冲区的数据就无法保存到磁盘，从而造成数据丢失。WritableFile 类中的 Flush 与 Sync 操作正是为了解决这一问题而设计。前面已经介绍，PosixWritableFile 对 Append、Flush 与 Sync 的操作，主要是通过调用 fwrite、fflush 与 fsync（fdatasync）方法来实现。针对这几个底层方法，图 5-3 展示了数据内容要保存到磁盘的整个过程。

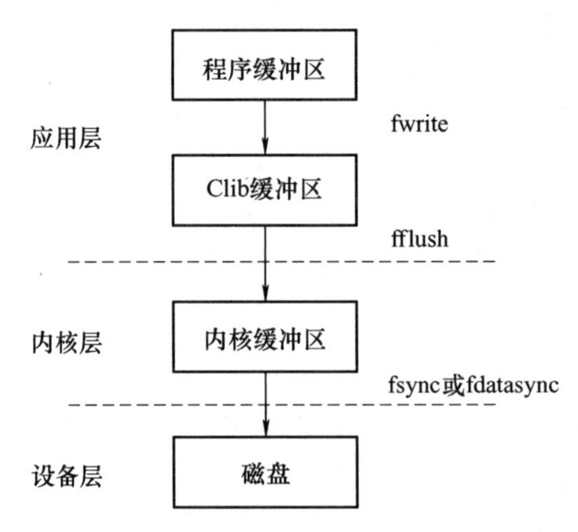

图 5-3　fwrite、fflush 与 fsync（fdatasync）的区别

由图 5-3 可以看出，程序缓冲区中的数据并不是直接保存到磁盘中，而是要先后经过 Clib 缓冲区、内核缓冲区，才最终保存到磁盘。fwrite 本质上是将需要的数据内容写入到 Clib 缓冲区；fflush 则是将 Clib 缓冲区的数据内容写入到内核缓冲区。fsync 或 fdatasync 主要是将内核缓冲区的数据内容写入到磁盘。fwrite 与 fflush 位于应用层，这两个函数为 C 标准库中的函数，而 fsync 或 fdatasync 位于内核层，这两个函数为系统层的 API。那么当调用 fwrite 方法将数据内容写入到 Clib 缓冲区后，如果此时程序或内核崩溃，那么 Clib 缓冲区的内容就会丢失。同样，如果调用 fflush 将 Clib 缓冲区的数据写入到内核缓冲区，而后内核崩溃，则写入磁盘操作也不会成功。LevelDB 本身就是一个嵌入式的存储库，而存储库的首要要求就是要保证数据保存的可靠性，因而 WritableFile 类封装了 Flush 与 Sync 接口，以弥补单纯的 Append 写入操作的不足。

5.2.2　随机文件操作

LevelDB 对随机文件的操作只有随机读，而没有随机写。写入操作一般采用顺序写的模式完成。顾名思义，随机读就是指可以定位到文件任意某个位置进行读取。RandomAccessFile 是文件随机读的抽象接口，如图 5-4 所示。

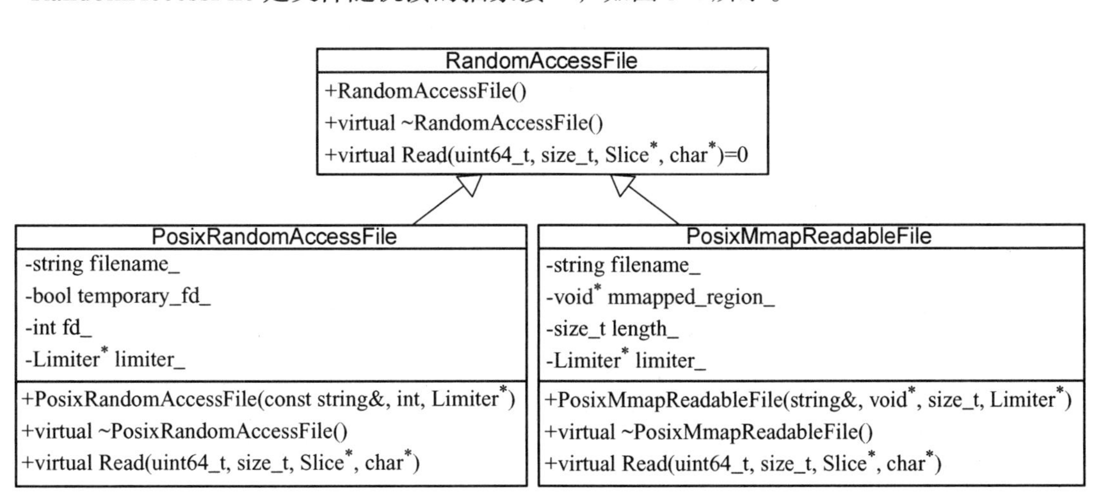

图 5-4　RandomAccessFile 类定义

与顺序读接口相比，随机读没有 Skip 操作，只有一个 Read 方法。顺序读中的 Read 是按照文件操作位置依次进行数据读取，而随机读中的 Read 方法可从文件指定的任意位置读取一段指定长度数据，其原型如下所示：

```
virtual Status Read(uint64_t offset, size_t n, Slice* result,
                                        char* scratch) const = 0;
```

随机读中的Read方法与顺序读SequentialFile中的Read方法原型的区别在于多了一个参数offset。offset定义了从文件开始位置的偏移量，决定了文件随机读取时的基准位置。与SequentialFile中的Read方法的另一个不同在于：RandomAccessFile中的Read是线程安全的操作，无须像顺序读那样，访问时需要设定外部同步机制。

在LevelDB中，RandomAccessFile有两个派生类：PosixRandomAccessFile与PosixMmapReadableFile。这两个派生类是两种对随机文件操作的实现形式：一种是基于pread()方法的随机访问；另一种是基于mmap()方法的随机访问。前面介绍过，RandomAccessFile主要接口是Read方法，而这两个派生类则对应了两种不同的Read方法的实现。

1. 基于 pread() 方法的随机文件操作

PosixRandomAccessFile 的实现如代码清单 5-18 所示。

代码清单 5-18　PosixRandomAccessFile 的实现

```
class PosixRandomAccessFile: public RandomAccessFile {
 private:
 std::string filename_;
 bool temporary_fd_;
 int fd_;
 Limiter* limiter_;
 public:
 PosixRandomAccessFile(const std::string& fname, int fd, Limiter* limiter)
     : filename_(fname), fd_(fd), limiter_(limiter) {
   temporary_fd_ = !limiter->Acquire();
   if (temporary_fd_) {
     close(fd_);
     fd_ = -1;
   }
 }
 virtual ~PosixRandomAccessFile() {
   if (!temporary_fd_) {
     close(fd_);
     limiter_->Release();
   }
```

```
}
virtual Status Read(uint64_t offset, size_t n, Slice* result,
                    char* scratch) const {
  int fd = fd_;
  if (temporary_fd_) {
    fd = open(filename_.c_str(), O_RDONLY);
    if (fd < 0) {
      return IOError(filename_, errno);
    }
  }
  Status s;
  ssize_t r = pread(fd, scratch, n, static_cast<off_t>(offset));
  *result = Slice(scratch, (r < 0) ? 0 : r);
  if (r < 0) {
    s = IOError(filename_, errno);
  }
  if (temporary_fd_) {
    close(fd);
  }
  return s;
 }
};
```

从代码中可以看出，无论是在构造函数与析构函数中，还是主要的接口 Read 方法中，调用的文件操作，如文件打开、文件关闭、文件读取均是系统层级的 API，且均定义在 unistd.h 头文件中。这里主要介绍一下 PosixRandomAccessFile 中的 Read 方法如何通过 pread() 来实现随机读操作。pread() 是一个系统级的函数，主要功能是从文件中指定位置开始读取指定长度的数据，函数原型为：

```
ssize_t pread(int fd, void *buf, size_t count, off_t offset);
```

从函数原型中可看出，其中的 offset 用于指定文件偏移量，即随机读取的文件开始位置。fd 表示 file descriptor，即文件描述符，是一个 int 类型，在 POSIX 的平台中就是一个文件的句柄。count 指定需要读取的字节个数。buf 用于存储最终读取的数据内容。pread() 会返回读取的字节数，而如果读到了文件末尾，则返回 0，如果读取出错，则返回 -1。

pread() 的具体介绍与用法，这里不再细述，读者可以参考相关资料。而这里需要说明为什么作者会选用 pread()，而不选用 unistd.h 中的另两个函数 lseek 与 read 呢？ lseek 用于将文件描述符为 fd 的打开文件的偏移量进行重定位，而 read 主要从当前偏移量位置读取指定长度的数据内容。可以这么说，pread() 实现的功能就相当于顺序调用了 lseek 与 read。然而不同的是，pread() 是一个原子操作，不能被分割打断。而如果采用顺序调用 lseek 与 read 方法，则内核可能会暂时将进程挂起，进而容易出现多线程之间的数据竞争问题。

提示：fp 与 fd 的区别？

Clib 中的文件函数（如 fread），主要采用 FILE 对象的指针来确定具体操作的文件。而 pread() 是一个系统层级的 API，在系统层级主要采用 int 型的句柄来区别操作具体文件。

---

2. 基于内存映射文件的随机文件操作

PosixMmapReadableFile 实现了基于内存映射文件的随机文件操作，其实现如代码清单 5-19 所示。

代码清单 5-19　PosixMmapReadableFile 的实现

```
class PosixMmapReadableFile: public RandomAccessFile {
 private:
 std::string filename_;
 void* mmapped_region_;
 size_t length_;
 Limiter* limiter_;
 public:
 PosixMmapReadableFile(const std::string& fname, void* base, size_t
 length,
                  Limiter* limiter)
   : filename_(fname), mmapped_region_(base), length_(length),
     limiter_(limiter) {
 }

 virtual ~PosixMmapReadableFile() {
  munmap(mmapped_region_, length_);
  limiter_->Release();
 }

 virtual Status Read(uint64_t offset, size_t n, Slice* result,
                  char* scratch) const {
  Status s;
  if (offset + n > length_) {
    *result = Slice();
    s = IOError(filename_, EINVAL);
```

```
    } else {
      *result = Slice(reinterpret_cast<char*>(mmapped_region_) + offset, n);
    }
    return s;
  }
};
```

PosixMmapReadableFile 定义了一个私有的成员变量 mmapped_region_。该变量为映射文件的内存区域，并且在构造函数中进行了初始化操作。mmap() 和 munmap() 为与内存映射文件相关的 API，均定义在 sys/mman.h 头文件中。mmap() 用于映射一个文件到内存，让调用者可以对内存进行操作，进而实现文件的读写；而 munmap() 用于解除该映射。在 PosixMmapReadableFile 并没有调用 mmap() 的地方，说明在使用该类的对象时，事先需要调用 mmap() 生成映射到文件的内存，并将这段内存以构造函数参数的形式传递给 mmapped_region_。而析构函数则直接调用 munmap() 对 mmapped_region_ 解除内存映射。采用内存映射方式最大的优点是读写操作极为简便，与普通的操作并无二致。从主要的功能接口 Read 方法中可以看出，通过对文件基准位置 mmapped_region_ 与对应的偏移量进行相加，就可以实现随机读取的定位。

5.2.3　Log 文件操作

与 Log 文件操作接口类相关的定义主要存在两个文件中，其中：env.h 定义了 Logger 抽象接口类，而 posix_logger.h 定义了在 POSIX 平台下 Logger 类的派生实现，Logger 类的定义如图 5-5 所示。

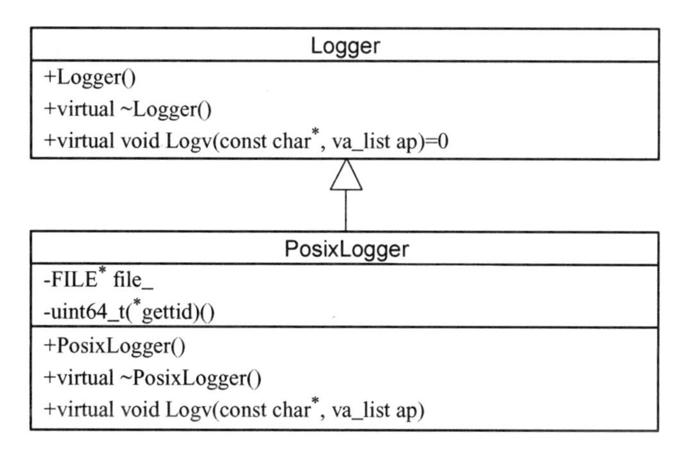

图 5-5　Logger 类的定义

Logger 接口类中，主要的功能接口方法是 Logv，即将一条日志信息以指定的格式写入到对应的 Log 文件中。代码清单 5-20 给出了 PosixLogger 的实现细节。

代码清单 5-20 PosixLogger 的实现

```
class PosixLogger : public Logger {
 private:
 FILE* file_;
 uint64_t (*gettid_)();  // 返回当前线程的线程id
 public:
 PosixLogger(FILE* f, uint64_t (*gettid)()) : file_(f), gettid_(gettid) { }
 virtual ~PosixLogger() {
   fclose(file_);
 }
 virtual void Logv(const char* format, va_list ap) {
   const uint64_t thread_id = (*gettid_)();
   // 使用一个固定大小的栈空间(500字节)保存该条日志，如果不成功，则动态分配一个更大的
   // 空间(30000字节)保存该条日志
   char buffer[500];
   for(int iter = 0; iter < 2; iter++) {
     char* base;
     int bufsize;
     if (iter == 0) {
       bufsize = sizeof(buffer);
       base = buffer;
     } else {
       bufsize = 30000;
       base = new char[bufsize];
     }
     char* p = base;
     char* limit = base + bufsize;

     struct timeval now_tv;
     gettimeofday(&now_tv, NULL);//获取当前时间
     const time_t seconds = now_tv.tv_sec;
     struct tm t;
     localtime_r(&seconds, &t);
     //格式化该条日志
     p += snprintf(p, limit - p,
                 "%04d/%02d/%02d-%02d:%02d:%02d.%06d %llx ",
```

```
                t.tm_year + 1900,
                t.tm_mon + 1,
                t.tm_mday,
                t.tm_hour,
                t.tm_min,
                t.tm_sec,
                static_cast<int>(now_tv.tv_usec),
                static_cast<long long unsigned int>(thread_id));
      if (p < limit) {
        va_list backup_ap;
        va_copy(backup_ap, ap);
        p += vsnprintf(p, limit - p, format, backup_ap);
        va_end(backup_ap);
      }
      if (p >= limit) {
        if (iter == 0) {
          continue;         // 空间不够用，则分配更大的空间后重新执行
        } else {
          p = limit - 1;
        }
      }
      if (p == base || p[-1] != '\n') {
        *p++ = '\n';
      }
      assert(p <= limit);
      fwrite(base, 1, p - base, file_);
      fflush(file_);
      if (base != buffer) {
        delete[] base;
      }
      break;
    }
  }
};
```

我们来分析Logv方法的实现过程。

Logv方法每写一条Log信息，需要保存以下信息。

- 线程id。通过在构造函数中传递一个用于获取当前线程id的函数指针，从而实现在Logv方法中获取当前的线程id。
- 当前时间。与时间相关的信息是通过gettimeofday与localtime_r两个API来获取。前面已经介绍了gettimeofday的用法，而这里的localtime_r将gettimeofday返回的以s为单位的绝对值时间，以格式化的形式转换成当前

时区时间。

❑ Log 文本信息。具体的文本信息包含两部分：文本格式 format 与文本内容 ap。

为了描述如何格式化一段文本，我们先来介绍 snprintf，如果读者对该方法已详细了解，可以跳过该段，直接阅读后面的内容。snprintf 定义在 stdio.h 中，是一个标准的 C 语言 printf 家族函数成员，其函数原型为：

```
int snprintf(char *str, size_t size, const char *format, ...);
```

snprintf 将格式化的字符串保存到 str 中。str 是一个缓存，一般可以以数组的形式表示，size 指定了该缓存所能使用的最大字节数，一般而言 str 需要预留一个字符串的终止符，因此 str 中能存储最多 size–1 个字节的字符串信息。熟悉 printf 的读者应该知道，printf 参数的个数是根据其指定的格式字符串决定的，即其参数个数并不是固定不变的。而 snprintf 也是如此，从函数原型中可见“…”表示了额外的参数，参数个数取决于 format 格式化字符串设置。例如，在代码清单 5-20 中有关于 snprintf 函数的调用。

```
p += snprintf(p, limit - p,
              "%04d/%02d/%02d-%02d:%02d:%02d.%06d %llx ",
              t.tm_year + 1900,
              t.tm_mon + 1,
              t.tm_mday,
              t.tm_hour,
              t.tm_min,
              t.tm_sec,
              static_cast<int>(now_tv.tv_usec),
              static_cast<long long unsigned int>(thread_id));
```

关于 C 语言 printf 如何定义格式字符串，这里不再赘述。在上述调用中，format 格式化字符串为：

```
"%04d/%02d/%02d-%02d:%02d:%02d.%06d %llx "
```

其中共有 8 个占位符 %，相当于后面需要添加 8 个参数。可见，上述代码定义了 Log 信息的开头部分，即时间与当前线程 id。

Log 信息的主体部分定义在 Logv 方法传递的参数中，包括格式字符串 format 与其占位符所对应的参数 ap。而 Logv 最终采用 vsnprintf 函数将 Log 信息以字符串的形式保存到缓存中。vsnprintf 函数的原型如下：

```
int vsnprintf (char * s, size_t n, const char * format, va_list arg );
```

vnsprintf 函数的定义与 snprintf 基本类似，只不过用一个 va_list 的参数代替了。代码清单 5-20 展示了 Log 信息的主体部分的保存逻辑，如下所示：

```
va_list backup_ap;
va_copy(backup_ap, ap);
p += vsnprintf(p, limit - p, format, backup_ap);
va_end(backup_ap);
```

vsnprintf 函数可以直接传递一个 va_list 的参数，而这里并没有直接将 ap 传入，而是采用 va_copy 创建一个 ap 对象的备份。需要注意，va_end 用于将创建的可变参数对象进行资源释放，因而一般 va_copy 需要与 va_end 成对出现。

Logv 方法首先将 Log 开关的时间与线程 id 信息以及信息主体部分保存在缓存 p 中，然后通过 fwrite 以及 fflush 方法实现 Log 文件的追加写入，并强制保存。

值得注意的是，Logv 方法中定义了一个循环，该循环最多执行两次，区别在于：第一次缓冲区是在栈中，大小为 500 字节；第二次缓冲区在堆中，大小为 30000 字节。如果 500 个字节能保存所有的信息，满足 Log 信息写入的要求，则循环体直接执行 break 命令。否则进入第二次循环，并动态申请一个 30000 字节的缓冲，以实现相应的功能。使用这种方式的好处是，对不同长度的 Log 信息可采取两种不同的操作模式，从而实现空间与时间资源消耗的平衡。

5.3　Env 操作环境抽象接口

5.1 节介绍了跨平台应用移植需要考虑的底层 API 的统一接口封装。本节将进一步结合 LevelDB 在源码中抽象出来的 Env 接口，从 Env 接口角度分析 LevelDB 的移植问题。Env 是一个抽象接口类，用纯虚函数的形式定义了一些与平台操作的相关接口，如文件系统、多线程、时间操作等。Env 抽象接口类的定义，如图 5-6 所示。可以发现，除了构造函数、析构函数以及 Default 函数外，其他的接口方法全为纯虚函数。

这些纯虚函数接口方法的用途以及其输入 / 输出参数的具体含义，在文件 env.h 中有详细的注释说明，表 5-3 对这些纯虚函数接口进行了归纳总结。如果读者对某个函数不了解或特别感兴趣，可以参见源码中该方法的注释文档。

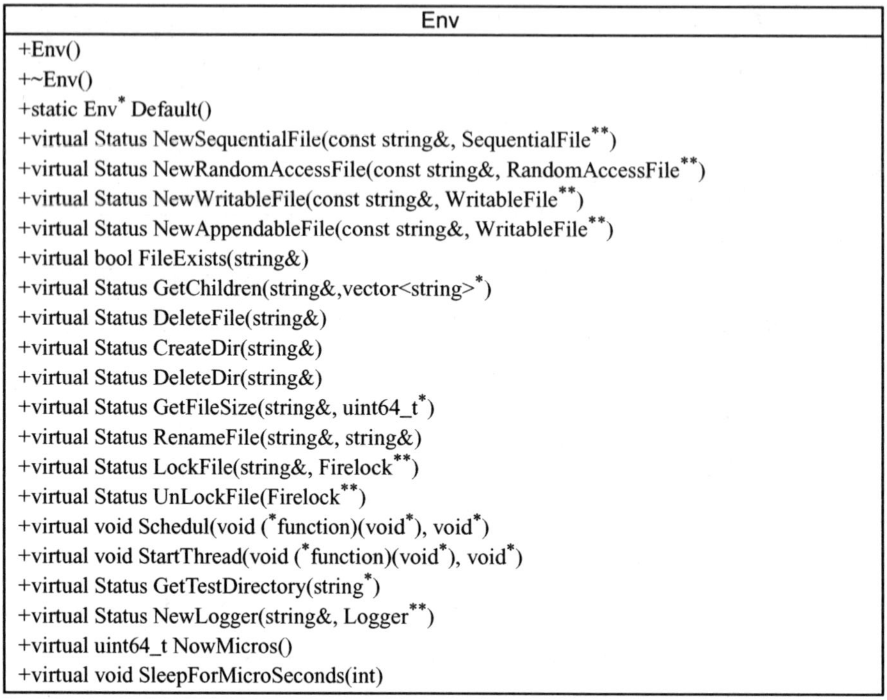

```
Env
+Env()
+~Env()
+static Env* Default()
+virtual Status NewSequentialFile(const string&, SequentialFile**)
+virtual Status NewRandomAccessFile(const string&, RandomAccessFile**)
+virtual Status NewWritableFile(const string&, WritableFile**)
+virtual Status NewAppendableFile(const string&, WritableFile**)
+virtual bool FileExists(string&)
+virtual Status GetChildren(string&,vector<string>*)
+virtual Status DeleteFile(string&)
+virtual Status CreateDir(string&)
+virtual Status DeleteDir(string&)
+virtual Status GetFileSize(string&, uint64_t*)
+virtual Status RenameFile(string&, string&)
+virtual Status LockFile(string&, Firelock**)
+virtual Status UnLockFile(Firelock**)
+virtual void Schedul(void (*function)(void*), void*)
+virtual void StartThread(void (*function)(void*), void*)
+virtual Status GetTestDirectory(string*)
+virtual Status NewLogger(string&, Logger**)
+virtual uint64_t NowMicros()
+virtual void SleepForMicroSeconds(int)
```

图 5-6 Env 抽象接口类图

表 5-3 Env 接口主要作用

函数名	类　别	作　用
NewSequentialFile	文件操作	创建一个顺序可读的文件
NewRandomAccessFile	文件操作	创建一个随机可读的文件
NewWritableFile	文件操作	创建一个顺序可写的文件，不论文件存在与否，均创建新文件
NewAppendableFile	文件操作	创建一个顺序可写的文件，如果文件存在，则在原文件中继续添加，如果文件不存在，则创建新文件
FileExists	文件操作	判断某个文件是否存在
GetChildren	文件操作	返回指定路径下所有的子文件
DeleteFile	文件操作	删除指定文件
CreateDir	文件操作	创建新的文件夹
DeleteDir	文件操作	删除指定文件夹
GetFileSize	文件操作	获取文件大小

（续）

函数名	类　别	作　用
RenameFile	文件操作	文件重命名
LockFile	文件操作	锁定指定文件，避免引发多线程操作对同一文件的竞争访问
UnlockFile	文件操作	释放文件锁
Schedule	线程操作	在后台线程中，调度执行一个指定的函数
StartThread	线程操作	启动一个新线程，执行一个指定的函数
GetTestDirectory	文件操作	返回一个用于测试任务的临时文件夹
NewLogger	文件操作	创建并返回一个 Log 文件
NowMicros	时间操作	返回当前的时间戳，单位为 ms，可用于计算某段代码的执行时间
SleepForMicroseconds	线程操作	使线程休眠或暂停，时间预先指定

Env 是一个具有纯虚函数的抽象类，一般只用于接口定义，不能进行实例化操作。Env 作为抽象类，有 3 个派生子类：PosixEnv、InMemoryEnv 与 EnvWrapper，如图 5-7 所示。

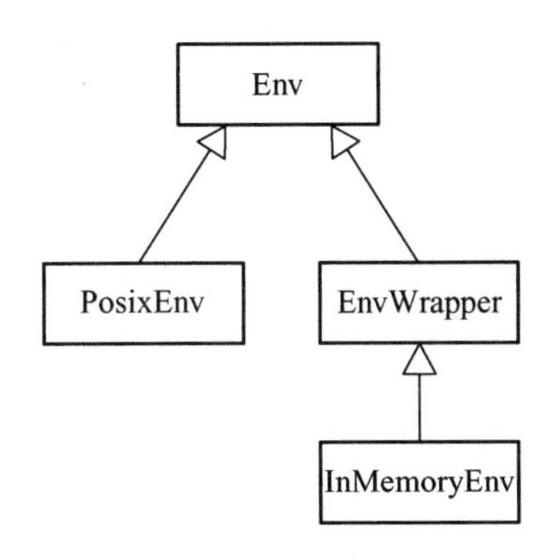

图 5-7　Env 与其派生类

提示：纯虚函数与抽象类的理解

纯虚函数主要是为了实现一个接口，并起到规范的作用，指定继承这个类必须实现该函数，即任何派生类都要定义该纯虚函数的实现方法。有纯虚函数的类是抽象类，不能生成对象，只能派生。而如果派生类中的纯虚函数没有改写，那生派生类依然是抽象类。

前面已介绍，Env 类绝大多数接口均为纯虚函数，针对纯虚函数 Env 并没有具体实现，唯一需要注意的是其中一个非纯虚的静态成员函数 Default，Default 函数的定义如下：

```
static Env* Default();
```

该函数方法的实现代码位于 env_posix.cc 中，如代码清单 5-21 所示。这段代码定义了一个静态的全局变量 default_env 与一个静态方法 InitDefaultEnv。显然，default_env 提供了一个 Env 类实例的全局访问点，而 InitDefaultEnv 方法的作用是对 default_env 变量进行初始化操作。Default 函数通过 pthread_once 的一次性线程初始化方法，实现对静态方法 InitDefaultEnv 的调用，且在整个生命周期中该方法只能执行一次，即 default_env 只会进行一次实例化操作，从而实现一种线程安全的单例模式。此外，在 InitDefaultEnv 方法中，default_env 被实例化为 PosixEnv 对象，可见 LevelDB 在运行过程中，默认的操作环境是采用 PosixEnv 派生类的实现方法。当然，开发者也可以根据自身实际需求与操作平台，对 Env 定义新的派生类并重写纯虚接口，并在初始化过程中实例化新定义的派生类对象，完成相关的移植。

代码清单 5-21　Default 函数的实现

```
static pthread_once_t once = PTHREAD_ONCE_INIT;
static Env* default_env;
static void InitDefaultEnv() { default_env = new PosixEnv; }

Env* Env::Default() {
  pthread_once(&once, InitDefaultEnv);
  return default_env;
}
```

5.3.1 PosixEnv 对象

PosixEnv 是 LevelDB 中默认的 Env 实例对象。从字面意思上看，PosixEnv 就是针对 POSIX 平台的 Env 接口实现。PosixEnv 的定义与实现主要在 util/env_posix.cc 文件中。下面将针对表 5-3 中的主要纯虚接口，从 3 个方面介绍 PosixEnv 中具体的实现方法。

1. 文件 I/O 操作接口

5.2 节已经介绍了 LevelDB 中几种文件操作接口，包括顺序文件读写操作、随机文件读操作，以及Log文件操作。而在PosixEnv中，代码清单5-22中的方法与5.2节中介绍的文件操作密切相关，如NewSequentialFile主要实例化了一个PosixSequentialFile对象，NewRandomAccessFile实例化了一个PosixMmapReadableFile对象或PosixRandomAccessFile对象，NewWritableFile与NewAppendableFile均实例化了PosixWritableFile对象，NewLogger实例化了一个PosixLogger对象。

代码清单5-22　实例化文件对象

```
virtual Status NewSequentialFile(const std::string& fname,
                        SequentialFile** result) {
  FILE* f = fopen(fname.c_str(), "r");
  if (f == NULL) {
    *result = NULL;
    return IOError(fname, errno);
  } else {
    *result = new PosixSequentialFile(fname, f);
    return Status::OK();
  }
}
virtual Status NewRandomAccessFile(const std::string& fname,
                        RandomAccessFile** result) {
*result = NULL;
Status s;
int fd = open(fname.c_str(), O_RDONLY);
if (fd < 0) {
  s = IOError(fname, errno);
} else if (mmap_limit_.Acquire()) {
  uint64_t size;
  s = GetFileSize(fname, &size);
  if (s.ok()) {
    void* base = mmap(NULL, size, PROT_READ, MAP_SHARED, fd, 0);
    if (base != MAP_FAILED) {
      *result = new PosixMmapReadableFile(fname, base, size, &mmap_limit_);
    } else {
      s = IOError(fname, errno);
    }
  }
  close(fd);
  if (!s.ok()) {
    mmap_limit_.Release();
  }
} else {
  *result = new PosixRandomAccessFile(fname, fd, &fd_limit_);
```

```
    }
    return s;
  }
   virtual Status NewWritableFile(const std::string& fname,
                                  WritableFile** result) {
    Status s;
    FILE* f = fopen(fname.c_str(), "w");
    if (f == NULL) {
      *result = NULL;
      s = IOError(fname, errno);
    } else {
      *result = new PosixWritableFile(fname, f);
    }
    return s;
  }
    virtual Status NewAppendableFile(const std::string& fname,
                                  WritableFile** result) {
    Status s;
    FILE* f = fopen(fname.c_str(), "a");
    if (f == NULL) {
      *result = NULL;
      s = IOError(fname, errno);
    } else {
      *result = new PosixWritableFile(fname, f);
    }
    return s;
  }
  virtual Status NewLogger(const std::string& fname, Logger** result) {
    FILE* f = fopen(fname.c_str(), "w");
    if (f == NULL) {
    *result = NULL;
    return IOError(fname, errno);
    } else {
    *result = new PosixLogger(f, &PosixEnv::gettid);
    return Status::OK();
    }
  }
```

上述代码清单，需要说明的有以下两点。

- NewRandomAccessFile 有两种实现方法：一种是基于 pread 的实现；另一种是基于 mmap 的实现。代码清单 5-22 中优先使用内存映射的方式实现随机文件对象。只有当内存映射文件个数超出限制或内存映射文件操作失败时，才会采用 pread 的方式，实现文件随机操作对象。

- NewWriableFile 与 NewAppendableFile 均用于返回一个 PosixWritableFile 对象，而不同之处在于调用文件打开函数时，模式参数的区别。前者打开的文件，采用的模式 w，而后者打开文件采用的模式 a。如果文件不存在，两者均会创建一个新的文件；而如果文件存在，模式 w 会删除旧文件，并创建一个新的文件进行写入；而模式 a 则会在原有的文件末尾以追加的方式进行写入。

检测文件是否存在、文件删除、文件重命名、文件夹创建、获取文件大小等文件及文件夹的基本操作的实现，见代码清单 5-23 所示。

代码清单 5-23 文件相关基本操作函数实现

```
virtual bool FileExists(const std::string& fname) {
  return access(fname.c_str(), F_OK) == 0;
}
virtual Status GetChildren(const std::string& dir,
                           std::vector<std::string>* result) {
  result->clear();
  DIR* d = opendir(dir.c_str());
  if (d == NULL) {
    return IOError(dir, errno);
  }
  struct dirent* entry;
  while ((entry = readdir(d)) != NULL) {
    result->push_back(entry->d_name);
  }
  closedir(d);
  return Status::OK();
}
virtual Status DeleteFile(const std::string& fname) {
  Status result;
  if (unlink(fname.c_str()) != 0) {
    result = IOError(fname, errno);
  }
  return result;
}
virtual Status CreateDir(const std::string& name) {
  Status result;
  if(mkdir(name.c_str(), 0755) != 0) {
    result = IOError(name, errno);
  }
  return result;
}
virtual Status DeleteDir(const std::string& name) {
```

```
    Status result;
    if (rmdir(name.c_str()) != 0) {
      result = IOError(name, errno);
    }
    return result;
  }
  virtual Status GetFileSize(const std::string& fname, uint64_t* size) {
    Status s;
    struct stat sbuf;
    if (stat(fname.c_str(), &sbuf) != 0) {
      *size = 0;
      s = IOError(fname, errno);
    } else {
      *size = sbuf.st_size;
    }
    return s;
  }
  virtual Status RenameFile(const std::string& src, const std::string&
  target) {
    Status result;
    if (rename(src.c_str(), target.c_str()) != 0) {
      result = IOError(src, errno);
    }
    return result;
  }
```

表 5-4 对代码清单 5-23 中所定义的接口函数进行了总结，归纳了每一个接口所使用的底层 API，并且指定了使用该 API 时所应该包含的头文件。这些操作属于基本的文件及文件夹操作，没有特别复杂的程序逻辑，基本上只要了解底层 API 的接口用法，就能理解这些代码。有兴趣的读者如果想了解这些底层 API 的函数原型及其用法，可以参考相关的文档资料，这里不再赘述。

表 5-4 文件及文件夹基本操作接口与所依赖的底层 API

PosixEnv 接口函数	底层 API	依赖的头文件
FileExists	access	unistd.h
GetChildren	readdir	sys/types.h、dirent.h
DeleteFile	unlink	unistd.h
CreateDir	mkdir	sys/stat.h
DeleteDir	rmdir	unistd.h
GetFileSize	stat	sys/stat.h、unistd.h
RenameFile	rename	stdio.h

2. 线程操作接口

在Env抽象类中，与线程相关的函数主要有两个：Schedule与StartThread。两者均用于多线程操作环境，并且其函数原型除了函数名不同之外，传递参数与返回参数均相同。不同的是，Schedule函数是将某个函数调度到后台线程中执行，后台线程长期存在，并不会随着函数执行完毕而销毁，而如果没有需要执行的函数，后台线程处于等待状态；StartThread函数则是启动一个新的线程，并且在新的线程中执行指定的函数操作，当指定的函数执行完毕后，该线程也将被销毁。

先来介绍简单的StartThread函数的实现过程，如代码清单5-24所示。

代码清单5-24 StartThread函数的实现

```
namespace {
struct StartThreadState {
  void (*user_function)(void*);
  void* arg;
};
}
static void* StartThreadWrapper(void* arg) {
  StartThreadState* state = reinterpret_cast<StartThreadState*>(arg);
  state->user_function(state->arg);
  delete state;
  return NULL;
}

void PosixEnv::StartThread(void (*function)(void* arg), void* arg) {
  pthread_t t;
  StartThreadState* state = new StartThreadState;
  state->user_function = function;
  state->arg = arg;
  PthreadCall("start thread",
          pthread_create(&t, NULL,  &StartThreadWrapper, state));
}
```

从StartThread函数的实现看，其首先创建了一个StarThreadState的结构体对象，并将StartThread函数的两个参数：函数指针function与函数参数arg封装到StarThreadState结构体对象state中。然后通过pthread_create命令启动一个新的线程，执行StartThreadWrapper函数。pthread_create函数的原型如下所示：

```
int pthread_create(pthread_t *thread, const pthread_attr_t *attr,
                   void *(*start_routine) (void *), void *arg);
```

从中可以看出，start_routine 为需要在新线程中执行的函数指针，而 arg 为该函数指针唯一的参数。由于 pthread_create 中，函数指针的原型有且只有唯一的参数，因此这也是需要将 StartThread 函数原有的两个参数采用结构体封装的原因。

Schedule 函数的实现则较为复杂，其工作原理如图 5-8 所示。Schedule 函数采用一个队列 queue_ 保存需要调用的结构体 BGQueue 对象实例，该结构体包括了需要调用的函数指针及其参数指针。调用 Schedule 函数传递需要执行的函数及其参数，将待执行函数及参数打包封装成 BGQueue 对象，并压入队尾。后台进程 bgthread 始终会运行 BGThread 函数，该函数是一个死循环，采用条件变量等待相关的信号，以从非空队列中获取队首元素，并执行 BGQueue 对象所封装的具体任务。

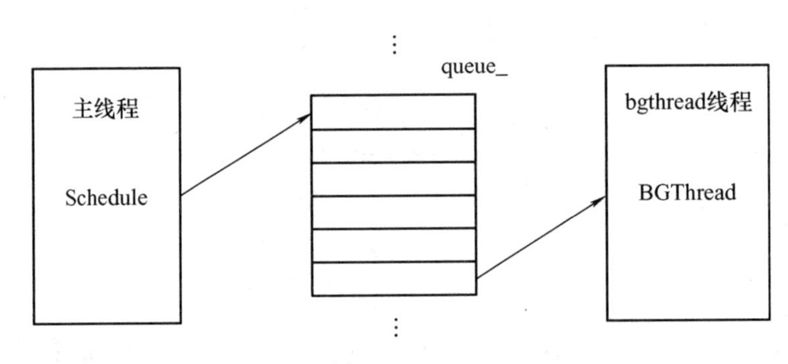

图 5-8　Schedule 工作原理

图 5-8 中的 queue_ 结构体对象的原型定义如下所示。queue_ 结构体采用 C++ 标准库中的 deque 定义了一个 BGItem 对象的队列。

```
struct BGItem { void* arg; void (*function)(void*); };
typedef std::deque<BGItem> BGQueue;
BGQueue queue_;
```

代码清单 5-25 给出了 Schedule 函数实现的全过程。

代码清单 5-25　Schedule 函数实现

```
void PosixEnv::Schedule(void (*function)(void*), void* arg) {
  PthreadCall("lock", pthread_mutex_lock(&mu_));
```

```
    if (!started_bgthread_) {
      started_bgthread_ = true;
      PthreadCall(
          "create thread",
          pthread_create(&bgthread_, NULL,  &PosixEnv::BGThreadWrapper,
          this));
    }
    if (queue_.empty()) {
      PthreadCall("signal", pthread_cond_signal(&bgsignal_));
    }
    queue_.push_back(BGItem());
    queue_.back().function = function;
    queue_.back().arg = arg;
    PthreadCall("unlock", pthread_mutex_unlock(&mu_));
  }
  void PosixEnv::BGThread() {
    while (true) {
      PthreadCall("lock", pthread_mutex_lock(&mu_));
      while (queue_.empty()) {
        PthreadCall("wait", pthread_cond_wait(&bgsignal_, &mu_));
      }

      void (*function)(void*) = queue_.front().function;
      void* arg = queue_.front().arg;
      queue_.pop_front();
      PthreadCall("unlock", pthread_mutex_unlock(&mu_));
      (*function)(arg);
  }
```

可见，Schedule在每次调用时都会判断started_bgthread_的值以确定bgthread_是否已启动，如果没有，则调用pthread_create创建一个新的线程，该线程执行的函数为PosixEnv::BGThreadWrapper，参数为this，即当前的Env对象实例。而BGThreadWrapper也是PosixEnv中的成员函数，因而其最终调用的是PosixEnv中的成员函数BGThread。BGThreadWrapper的定义如下：

```
static void* BGThreadWrapper(void* arg) {
  reinterpret_cast<PosixEnv*>(arg)->BGThread();
  return NULL;
}
```

BGThread函数本身采用了while(true)死循环。BGThread函数与Schedule函数，分别运行在两个不同的线程，但两者都操作同一个对象实例queue_。不同的是，在Schedule函数中执行的是push_back的操作，而在BGThread函数中执行的是pop_ front 操作。两个线程都采用条件变量的形式实现线程间的同步机制。

3. 时间操作接口

与时间操作相关的接口函数主要有两个：NowMicros() 与 SleepForMicroseconds()，具体实现如代码清单 5-26 所示。

代码清单 5-26 NowMicros() 函数与 SleepForMicroseconds() 函数的实现

```
virtual uint64_t NowMicros() {
  struct timeval tv;
  gettimeofday(&tv, NULL);
  return static_cast<uint64_t>(tv.tv_sec) * 1000000 + tv.tv_usec;
}

virtual void SleepForMicroseconds(int micros) {
  usleep(micros);
}
```

NowMicros() 用于获取当前时刻的时间，返回从 1970 年 1 月 1 日起到当前时间的绝对值，以 μs 数表示。从代码清单中可见，其实现主要依赖 gettimeofday 方法。SleepForMicroseconds() 用于挂起程序进程，且挂起的时间单位也以 μs 表示。在这里主要采用了 usleep 方法。上述两个方法的实现逻辑简单明了，这里主要涉及两个与 POSIX 平台相关的方法，即 gettimeofday 与 usleep。下面分别针对这两个 API 进行简要介绍。

gettimeofday 方法定义在 sys/time.h 中，可用于返回当前系统的时间与时区，函数接口如下：

```
int gettimeofday(struct timeval *tv, struct timezone *tz);
```

在这里有两个结构体变量：timeval 与 timezone，用于获取返回的当前时间与时区，如果获取成功则返回 0，否则返回 -1。在使用过程中，如果 tv 或 tz 设为 NULL，则对应的时间或时区将不返回值。timezone 结构体由于某些问题已慢慢被摒弃，tz 通常在使用时设为 NULL。timeval 结构体用于表示当前时间，同样定义在 #include <sys/time.h> 中，如下所示。tv_sec 表示 s，tv_usec 表示 μs。

```
struct timeval {
   time_t       tv_sec;     /* seconds */
   suseconds_t tv_usec;     /* microseconds */
};
```

usleep函数可暂时使程序停止执行（挂起进程），暂停的时间由参数进行传递。usleep定义在#include <unistd.h>中，函数接口如下：

```
int usleep(useconds_t usec);
```

参数usec指定挂起时间，单位为μs，因而其参数设定范围为[0,1000000]。

5.3.2 EnvWrapper与InMemoryEnv

EnvWrapper也是Env的一个派生类，与5.3.1节中的PosixEnv不同的是，EnvWrapper中并没有定义众多纯虚函数接口的具体实现，而是定义了一个私有成员变量Env* target_，并在构造函数中通过传递预定义的Env实例对象，从而实现对target_的初始化操作。每一个纯虚函数接口的实现均采用target_中的对应方法，从而实现对应函数接口的调用。代码清单5-27给出了EnvWrapper类的部分实现代码，从中可以看出所描述的基本结构。

代码清单5-27 EnvWrapper类的实现

```
class EnvWrapper : public Env {
 public:
 explicit EnvWrapper(Env* t) : target_(t) { }
 virtual ~EnvWrapper();
 Env* target() const { return target_; }
 Status NewSequentialFile(const std::string& f, SequentialFile** r) {
  return target_->NewSequentialFile(f, r);
 }
 Status NewRandomAccessFile(const std::string& f, RandomAccessFile** r) {
  return target_->NewRandomAccessFile(f, r);
 }
  ...
  private:
 Env* target_;
};
```

按照作者的解释，基于EnvWrapper的派生类，易于实现用户在某一个Env派生类的基础上改写其中一部分接口的需求。正如前面图5-6所看到的，定义在helpers/memenv/memenv.cc中的InMemoryEnv就是EnvWrapper的一个子类，主要对Env中有关文件的接口进行了重写。InMemoryEnv主要是将所有的操作都置于内存中，从而提升文件I/O的读取速度。而在InMemoryEnv中，主要也是针对前面所述的与文件操作相关的函数进行了重写，而线程类与时间类的接口并没有重写，如图5-9所示。

InMemoryEnv
-port::Mutex mutex_ -FileSystem file_map_
+InMemoryEnv() +~InMemoryEnv() +virtual Status NewSequentialFile(const string&, SequentialFile**) +virtual Status NewRandomAccessFile(const string&, RandomAccessFile**) +virtual Status NewWritableFile(const string&, WritableFile**) +virtual Status NewAppendableFile(const string&, WritableFile**) +virtual bool FileExists(string&) +virtual Status GetChildren(string&,vector<string>*) +virtual Status DeleteFile(string&) +virtual Status CreateDir(string&) +virtual Status DeleteDir(string&) +virtual Status GetFileSize(string&, uint64_t*) +virtual Status RenameFile(string&, string&) +virtual Status LockFile(string&, Firelock**) +virtual Status UnLockFile(Firelock**) +virtual Status GetTestDirectory(string*) +virtual Status NewLogger(string&, Logger**) +void DeleteFileInternal(const string&)

图 5-9 InMemoryEnv 类的定义

InMemoryEnv 设计了一种实现全内存读写操作的解决方案，这里主要有针对性地描述其具体的实现方式，以使读者在类似应用的开发与设计中获得些许启发和灵感。

从图 5-9 的 InMemoryEnv 的类定义中可发现，与基类 Env 不同的是，InMemoryEnv 定义了一个 FileSystem 类型的私有成员变量 file_map_。FileSystem 是一个 map 映射，如下所示：

```
typedef std::map<std::string, FileState*> FileSystem;
```

FileSystem 主要由 string 的字符串与 FileState 的对象构成。字符串作为文件名，因而 FileSystem 即为从文件名到 FileState 对象的映射。相信看到这里，聪明的读者应该推测出文件最终的数据内容就存储在 FileState 对象中。FileState 类的定义如图 5-10 所示。

FileState 类的对象中，构造函数是一个私有的成员函数，调用者不能通过 delete 的方式进行资源回收，而这里采用了一种引用计数的方式实现资源的回收。FileState 中 refs_ 是一个 int 型的私有成员变量，用以表示当前对象被引用的次数。当某一个

FileState 对象需要被赋给某一个指针变量时，就需要调用 Ref() 方法，而当不再需要使用该指针变量时，则调用 Unref() 方法。FileState 类的主要实现，如代码清单 5-28 所示。

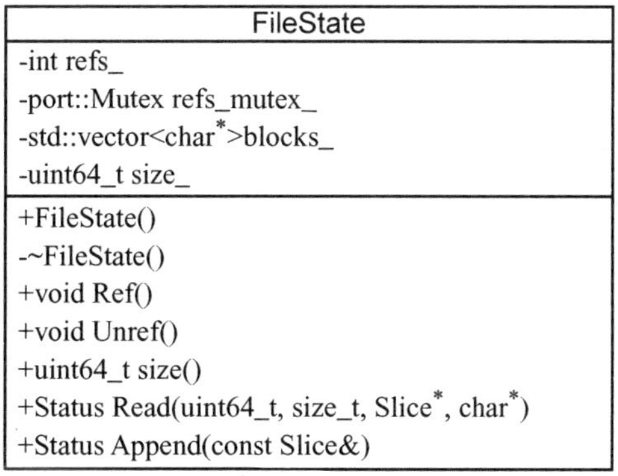

FileState
-int refs_ -port::Mutex refs_mutex_ -std::vector<char*>blocks_ -uint64_t size_
+FileState() -~FileState() +void Ref() +void Unref() +uint64_t size() +Status Read(uint64_t, size_t, Slice*, char*) +Status Append(const Slice&)

图 5-10　FileState 类的定义

代码清单 5-28　FileState 类主要实现

```
class FileState {
 public:
 FileState() : refs_(0), size_(0) {}
 // 增加引用计数
 void Ref() {
  MutexLock lock(&refs_mutex_);
  ++refs_;
 }
 // 减少引用计数，如果引用计数小于等于0，则可以删除该实例
 void Unref() {
  bool do_delete = false;
  {
   MutexLock lock(&refs_mutex_);
   --refs_;
   assert(refs_ >= 0);
   if (refs_ <= 0) {
    do_delete = true;
   }
  }
  if (do_delete) {
   delete this;
  }
 }
 uint64_t Size() const { return size_; }
```

```
private:
  ~FileState() {
    for (std::vector<char*>::iterator i = blocks_.begin(); i != blocks_.end();
         ++i) {
      delete [] *i;
    }
  }
  FileState(const FileState&);
  void operator=(const FileState&);
  port::Mutex refs_mutex_;
  int refs_;
  std::vector<char*> blocks_;
  uint64_t size_;
  enum { kBlockSize = 8 * 1024 };
};
```

Ref() 方法主要对成员变量 refs_ 实现加 1 操作，而 Unref() 则对该成员变量进行减 1 操作，并判断如果该变量值为 0，则用 delete this 命令进行构造销毁。需要注意，在多线程环境下，都需要引用同一个 FileState 对象，并且均调用 Ref() 或 Unref() 方法，这里采用了互斥锁对象 refs_mutex_ 实现数据同步机制。

全内存的读写机制是 FileState 实现的关键。在代码清单 5-29 中，根据 Read 与 Append 的实现过程，图 5-11 给出了 FileState 在内存里进行存储的具体结构。

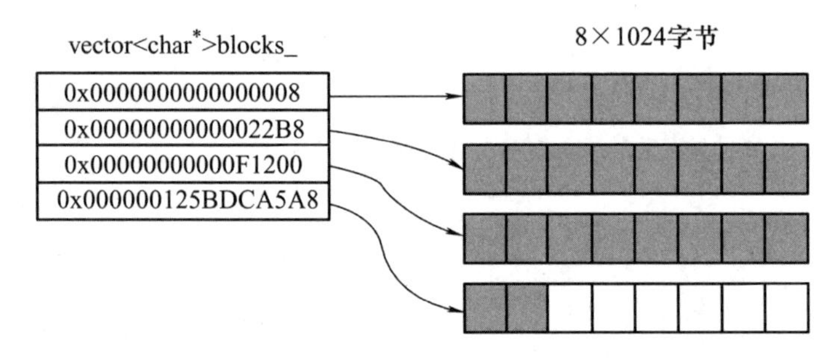

图 5-11　FileState 内存存储结构

FileState 定义的私有成员变量 vector<char*>blocks_，用于保存一系列的 char 类型指针，而第一个 char 指针指向一个固定大小的内存块，内存块的大小取决于变量 kBlockSize，在这里为 8 × 1024 字节。

Append 方法用于将指定的 Slice 对象字符串保存到 FileState 中。Append 方法的函数原型比较简单，就是简单地传递一个 Slice 类型的对象 data。

```
Status Append(const Slice& data)
```

Append 方法的流程图如图 5-12 所示。

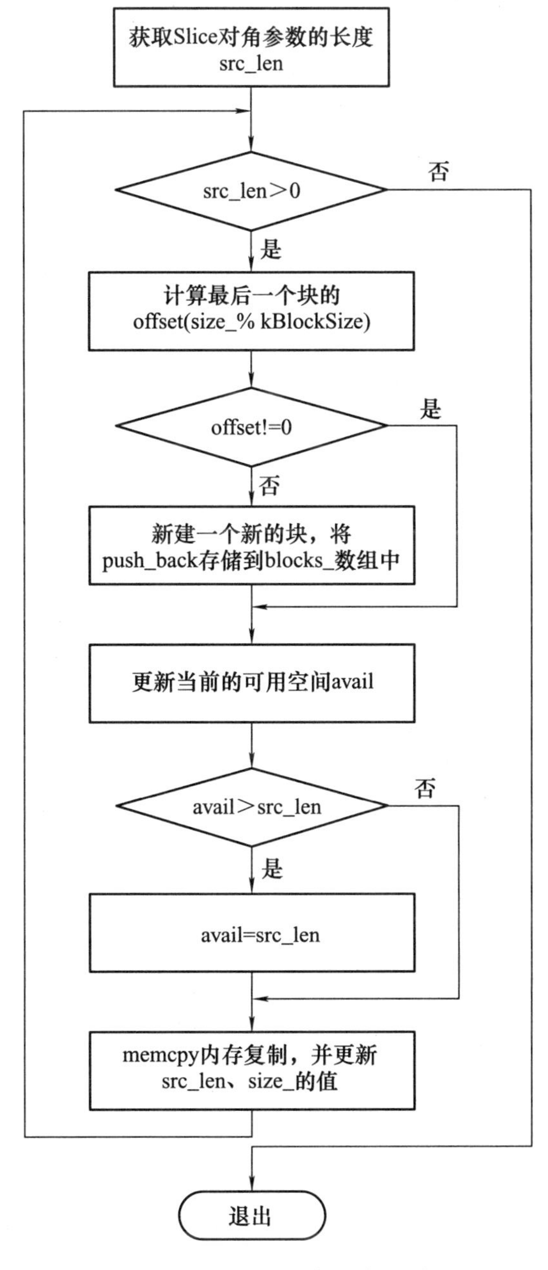

图 5-12　Append 方法流程图

Append 方法主体思路是先判断 blocks_ 数组中最后一个块的剩余空间，能否将 data 中的数据全部保存：如果可以，则直接存储；如果不可以，则需要开辟一个新的块，连续进行保存，并直至开辟的空间足够将 data 中数据全部存储为止。

Read 方法的函数原型较为复杂，包括 4 个传递参数。其中输入参数 offset 与 n，分别表示需要读取的数据内容的偏移量与数据长度；result 与 scratch 为输出参数，采用两种不同的形式，对读出的数据内容进行封装。

```
Status Read(uint64_t offset, size_t n, Slice* result, char* scratch) const
```

Read 方法的流程图，如图 5-13 所示。与 Append 方法类似，在计算得到需要读取数据的开始位置（blocks_ 索引与偏移量）后，就对该位置后连续的 *n* 个字节进行读取，如果 *n* 大于当前块中保存的数据量，则从下一个块中继续读取，直接读取 *n* 个字节为止。

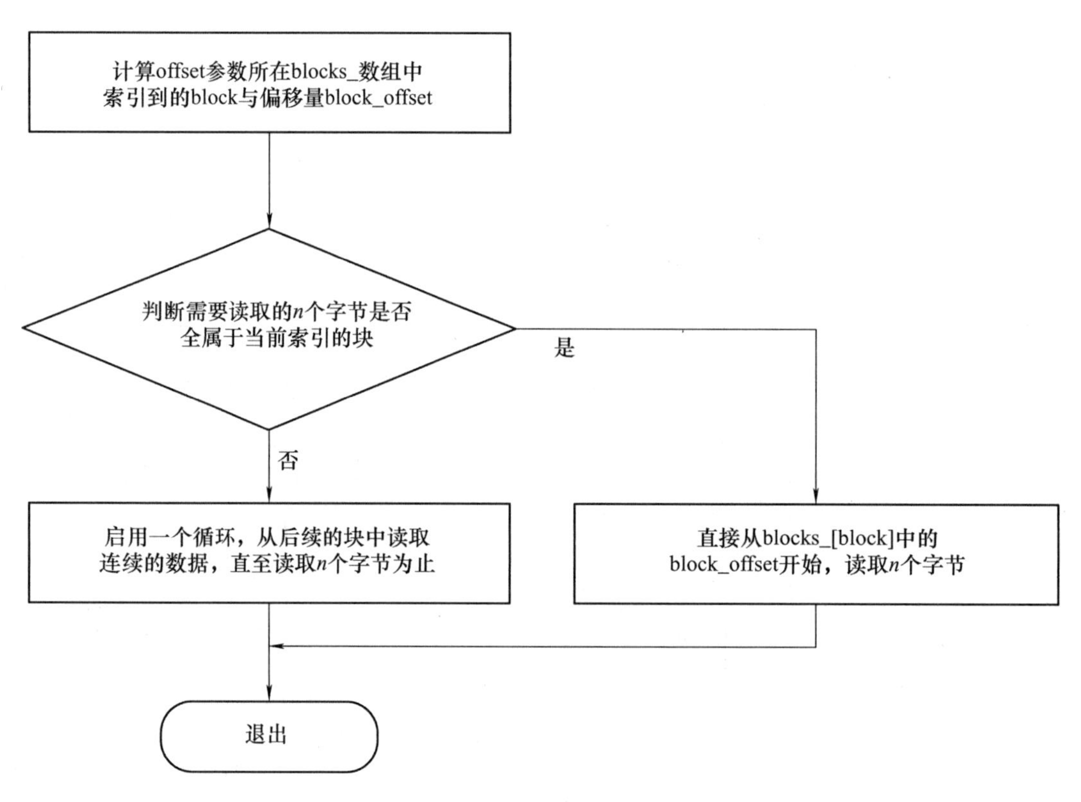

图 5-13 Read 方法流程图

这里就不给出 Read 与 Append 方法实现的代码细节，感兴趣的读者可以结合上述流程图，去阅读 helpers\memenv\memenv.cc 中相对应的部分源码。

可以说，理解了 FileState 的实现方法就基本上理解了顺序文件、随机文件在 InMemoryEnv 中的实现。而这里需要说明，对于 FileState 这种纯内存数据的读取，顺序读 SequentialFileImpl 与随机读 RandomAccessFileImpl 调用的均是 FileState 中的 Read 方法，并不像磁盘文件读写那样具有明显的性能区别。而顺序写 WritableFileImple 中只需要实现 Append 方法，由于不涉及磁盘操作，因而 Flush 与 Sync 方法内部不需要实际的逻辑。

5.4 int 数值编码

LevelDB 是一个嵌入式的存储库，其存储的内容可以是字符，也可以是数值。LevelDB 为了减少数值型内容对内存空间的占用，分别针对不同的需求定义了两种编码方式：一种是定长的编码，另一种是变化编码。数值编码的代码主要放在 util 文件夹下面 coding.h 与 coding.cc 两个文件，本节将对 LevelDB 中的这两种数值编码进行介绍。

5.4.1 什么是编码

在计算机系统，编码无处不在。如把十进制的数值编码成二进制数据进行保存，或将常见的字符通过 ASCII 编码成一个字节的数据。LevelDB 内部的某些模块或功能，通常需要把一些数值与字符打包到一串内存地址中，并根据需要实现数据的编码与解码。上述所说的一串内存地址，可以是一个不固定长度的 char 数组或 string 类型的字符串，也可以是 uint32 或 uint64 的整型数据。在 coding.h/coding.cc 文件中，编码可以是根据原数值长度的定长编码，也可以是根据数值大小进行压缩的变长编码。后面将主要针对这两种编码的基本原理以及实现方式进行重点阐述。

在 coding.h 中，定义了与数值编码有关的一系列接口，代码清单 5-29 中给出了一部分接口的定义。

代码清单 5-29　数值编码接口定义

```
extern void PutFixed32(std::string* dst, uint32_t value);
extern void PutFixed64(std::string* dst, uint64_t value);
extern void PutVarint32(std::string* dst, uint32_t value);
extern void PutVarint64(std::string* dst, uint64_t value);
extern void PutLengthPrefixedSlice(std::string* dst, const Slice& value);
```

```
extern bool GetVarint32(Slice* input, uint32_t* value);
extern bool GetVarint64(Slice* input, uint64_t* value);
extern bool GetLengthPrefixedSlice(Slice* input, Slice* result);
```

代码清单 5-29 中，函数名以 Put 开头的方法主要用于编码数据并保存；函数名以 Get 开头的方法主要用于解码数据并获取。例如，PutFixed32 表示将一个 uint 的数值经过定长编码，存放到 dst 所表示的 string 字符串中；GetVarint32 表示对编码的数据进行解析，并通过 value 指针进行返回。

5.4.2 int 定长数值编码

定长的数值编码比较简单，主要是将原有的 uint64 或 uint32 的数据直接存储在对应的 8 字节或 4 字节中。而在直接存储的过程中，主要考虑的是数据字节的存放顺序。讲字节顺序就不得不提操作系统平台的大小端模式。假设一个数值为 0x12345678 的 uint32 类型的数据，存放在内存地址 0x00290000 开始的 4 个字节中。在大端模式中，数据高位 0x12 存放在内存的低地址 0x00290000 中；而在小端模式中，数据高位 0x12 存放在内存的高地址 0x00290003 中，如图 5-14 所示。

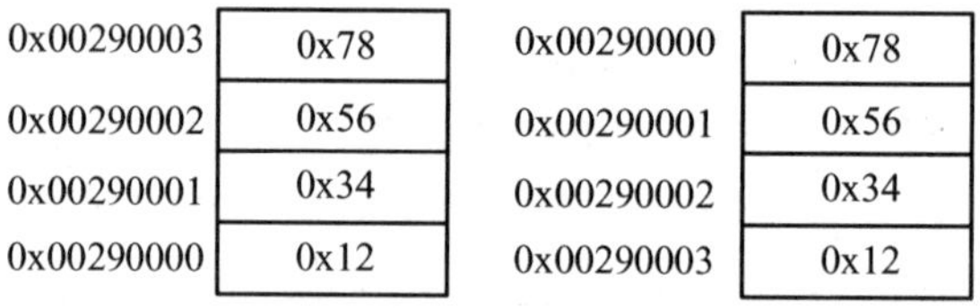

0x00290003	0x78	0x00290000	0x78
0x00290002	0x56	0x00290001	0x56
0x00290001	0x34	0x00290002	0x34
0x00290000	0x12	0x00290003	0x12

图 5-14　uint32 整型数据大小端模式（左图为大端模式，右图为小端模式）

LevelDB 为了便于操作，编码的数据统一采用小端模式，并存放到对应的字符串中，即数据低位存在内存低地址，数据高位存在内存高地址。代码清单 5-30 描述了 32 位和 64 位的整型数据的定长编码与解码过程。

代码清单 5-30　32 位 /64 位整型数据的定长编码与解码

```
//32位定长数据解码函数
inline uint32_t DecodeFixed32(const char* ptr) {
  if (port::kLittleEndian) {
    uint32_t result;
    memcpy(&result, ptr, sizeof(result));
    return result;
  } else {
    return  ((static_cast<uint32_t>(static_cast<unsigned char>(ptr[0])))  |
```

```
(static_cast<uint32_t>(static_cast<unsigned char>(ptr[1])) << 8) |
(static_cast<uint32_t>(static_cast<unsigned char>(ptr[2])) << 16) |
(static_cast<uint32_t>(static_cast<unsigned char>(ptr[3])) << 24));
  }
}
//64位定长数据解码
inline uint64_t DecodeFixed64(const char* ptr) {
  if (port::kLittleEndian) {
    uint64_t result;
    memcpy(&result, ptr, sizeof(result));
    return result;
  } else {
    uint64_t lo = DecodeFixed32(ptr);
    uint64_t hi = DecodeFixed32(ptr + 4);
    return (hi << 32) | lo;
  }
}

//32位定长数据编码
void EncodeFixed32(char* buf, uint32_t value) {
  if (port::kLittleEndian) {
    memcpy(buf, &value, sizeof(value));
  } else {
    buf[0] = value & 0xff;
    buf[1] = (value >> 8) & 0xff;
    buf[2] = (value >> 16) & 0xff;
    buf[3] = (value >> 24) & 0xff;
  }
}

//64位定长数据编码
void EncodeFixed64(char* buf, uint64_t value) {
  if (port::kLittleEndian) {
    memcpy(buf, &value, sizeof(value));
  } else {
    buf[0] = value & 0xff;
    buf[1] = (value >> 8) & 0xff;
    buf[2] = (value >> 16) & 0xff;
    buf[3] = (value >> 24) & 0xff;
    buf[4] = (value >> 32) & 0xff;
    buf[5] = (value >> 40) & 0xff;
    buf[6] = (value >> 48) & 0xff;
    buf[7] = (value >> 56) & 0xff;
  }
}
```

由代码清单 5-30 可以看出，编码过程主要成为两个逻辑分支：一种是针对小端模式，另一种是针对大端模式。如果是小端模式，则可以直接利用 memcpy 进行内存间的复制，而如果是大端模式，则需要在复制过程中调换字节顺序，以小端模式进行编码保存。在进行解码时，也需要相应根据平台的大小端模式，将编码后的数据还原成实际的整型数据。

5.4.3 int 变长数值编码

通常而言，32 位或 64 位的整型数据可以采用 4 个字节或 8 个字节进行存储，比如上述的定长编码，其本质是将原有的二进制字符串以小端字节序存储到一个新的内存空间。而对于 4 字节或 8 字节表示的无符号整型数据而言，数值较小的整数的高位空间基本为 0，如 uint32 类型的数据 128，高位的 3 个字节都是 0。如果能基于某种机制，将为 0 的高位数据忽略，有效地保留其有效位，从而减少所需字节数、节约存储空间。而这一思想在 Google 的另一个开源项目 Protobuf 中得以实现，并提出了一种变长的编码方法——varint。

varint 是一种将整数用 1 个或多个字节表示的一种序列化方法，其编码后的字节序也采用小端模式，即低位数据在前，高位数据在后。varint 将实际的一个字节分成了两个部分，最高位定义为 MSB（most significant bit），后续低 7 位表示实际数据，如图 5-15 所示。

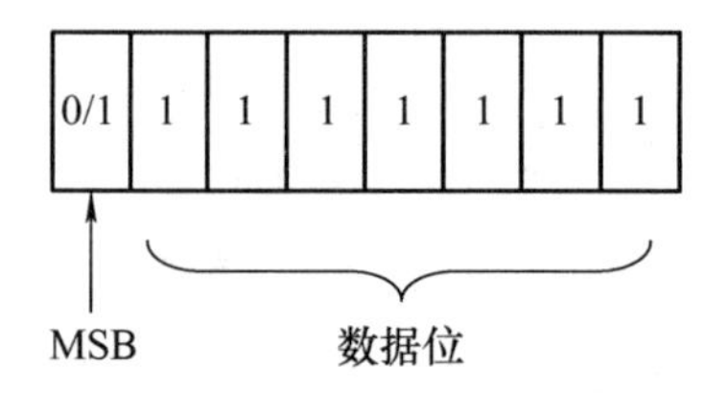

图 5-15　varint 字节结构

MSB 是一个标志位，用于表示某一数值的字节是否还有后续的字节，如果为 1 表示该数值后续还有字节，如果为 0 表示该数值所编码的字节至此完毕。每一个字节中的第 1 到第 7 位表示的是实际的数据，由于有 7 位，则只能表示大小为 0 ~ 127 的数值，即在 varint 中，如果数值范围在 0 ~ 127 中，则采用变长编码只需要 1 个字节；若数值为 300，则需要 2 个字节。而对于一个 32 位（4 个字节）的数据，如果这个数较大（大于 2^{28}-1），则最多有可能需要 5 个字节来存储。图 5-16 给出了一个示例，分别采用变长编码对127、300、与 $2^{28}-1$ 三个数进行描述。值得注意的是，在对这些字节进行解码时需要注意字节的高位与低位顺序。

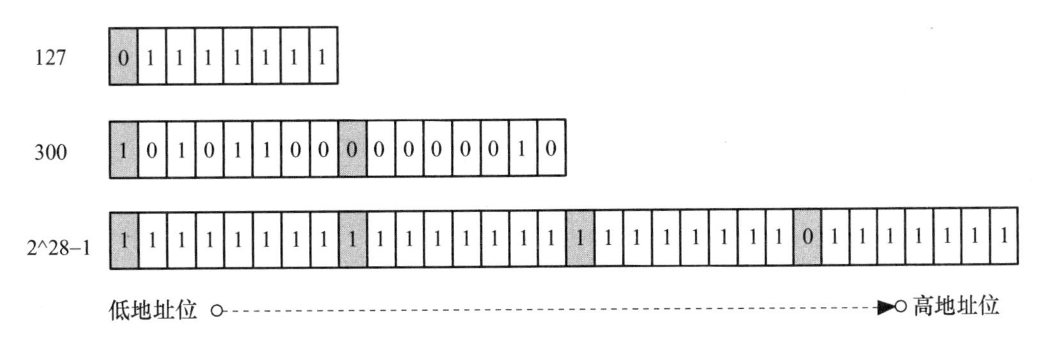

图5-16 变长编码示例

在图5-16中，左边对应的是内存低地址，右边是内存高地址，由于LevelDB中的编码一般采用小端字节序模式，因此左边是数据的低字节，右边是数据的高字节。以300这个数为例，其编码通过解码还原后，最终得到的二进制码应为100101100。代码清单5-31给出了uint32类型数据的编码与解码基本过程，而uint64类型的数据与uint32类型的操作方法基本类似，有兴趣的读者可以去源码中查阅。代码清单5-31主要有两个函数方法：EncodeVarint32表示数值的编码方法，GetVarint32PtrFallback表示数值的解码方法。可以发现，这两个函数主要使用了大量的移位操作与位操作实现数据字节的赋值，读者在学习过程中应结合编码规则的实现方法进行认真研究。

代码清单5-31 32位数据变长编码与解码函数

```
//32位数据变长编码
char* EncodeVarint32(char* dst, uint32_t v) {
   unsigned char* ptr = reinterpret_cast<unsigned char*>(dst);
  static const int B = 128;
  if (v < (1<<7)) {
    *(ptr++) = v;
  } else if (v < (1<<14)) {
    *(ptr++) = v | B;
    *(ptr++) = v>>7;
  } else if (v < (1<<21)) {
    *(ptr++) = v | B;
    *(ptr++) = (v>>7) | B;
    *(ptr++) = v>>14;
```

```
  } else if (v < (1<<28)) {
    *(ptr++) = v | B;
    *(ptr++) = (v>>7) | B;
    *(ptr++) = (v>>14) | B;
    *(ptr++) = v>>21;
  } else {
    *(ptr++) = v | B;
    *(ptr++) = (v>>7) | B;
    *(ptr++) = (v>>14) | B;
    *(ptr++) = (v>>21) | B;
    *(ptr++) = v>>28;
  }
  return reinterpret_cast<char*>(ptr);
}

//32位数据变长解码
const char* GetVarint32PtrFallback(const char* p,
                                   const char* limit,
                                   uint32_t* value) {
  uint32_t result = 0;
  for (uint32_t shift = 0; shift <= 28 && p < limit; shift += 7) {
    uint32_t byte = *(reinterpret_cast<const unsigned char*>(p));
    p++;
    if (byte & 128) {
      result |= ((byte & 127) << shift);
    } else {
      result |= (byte << shift);
      *value = result;
      return reinterpret_cast<const char*>(p);
    }
  }
  return NULL;
}
```

5.5 内存管理

对于开发者而言，C/C++ 内存的操作具有非常大的灵活性，因而内存管理对任何一个采用 C/C++ 开发的应用来讲至关重要。本节将介绍 LevelDB 实现的 Arena 内存池的基本原理与实现细节，包括内部的基本数据结果、内存的申请与分配等。除此之外，本节将介绍一种从编译环境下替换 glibc 中默认的 malloc 与 free 的优化方法——TCMalloc。本节内容既有架构性的设计，也有采用 C/C++ 语言实现某些功能的细节性技巧，需要读者结合相关资料进行精读。

5.5.1 Arena 内存池的基本思想

Arena 本意是指一个圆形的运动场所，用于剧院的演出或体育竞赛。对于程序软件而言，Arena 主要表示一段较大且连续的内存空间，或称之为内存池。一般高性能的服务器端应用或高性能的存储应用，通常都需要频繁地对内存进行操作，而如何实现内存的高效利用，主要需要考虑 C/C++ 的内存申请的一些局限性，而 Arena 采用内存池的形式，有以下优势。

- **性能提升**。内存申请本身就需要占用一定的资源，消耗空间与时间。而 Arena 内存池的基本思路就是预先申请一大块内存，然后多次分配给不同的对象，从而减少 malloc 或 new 的调用次数。
- **内存空间更高效的利用**。频繁进行内存的申请与释放易造成内存碎片。即内存余量虽然够用，但由于缺乏足够大的连续空闲空间，从而造成申请一段较大的内存不成功的情况。而 Arena 内存池具有整块内存的控制权，用户可以任意操作这段内存，从而避免内存碎片的产生。比如，可以针对每一个子任务，从 Arena 内存池中分配一个固定的内存片段，然后当所有任务结束后，一次性回收整个 Arena 内存空间。

内存池的好处不言而喻，然而这是一种内存的高级用法。要想充分发挥其最大效能，需要开发者具备深厚的功力，包括对编程语言的了解以及具备系统整体架构的设计能力。内存池有许多开源的方案，如 C++ 中的 STL 就提供了一套复杂的内存池机制。然而内存池的实现并没有一个标准的答案，针对不同的系统需求可以有不同的侧重点，因此开发者在进行系统架构设计之初，就需要根据具体的功能与性能要求，有的放矢地对内存池进行设计。在 LevelDB 中，并不是所有地方都需要内存池来进行内存的分配与管理，Arena 内存池主要是提供给 MemTable 使用的。本节后面将会针对 LevelDB 中的 Arena 内存池进行详细介绍。

5.5.2 Arena 内存池的定义与原理

关于 Arena 的实现，读者需要关注两个文件：arena.h 与 arena.cc，这两个文件均位于 util 文件夹下。在 arena.h 中定义了一个 Arena 类，如图 5-17 所示。

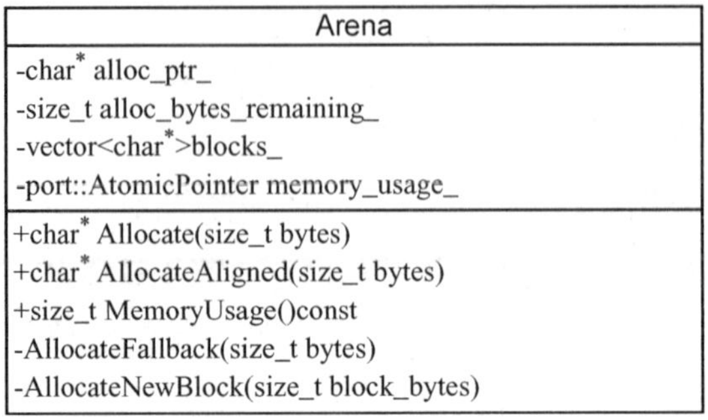

Arena
-char* alloc_ptr_ -size_t alloc_bytes_remaining_ -vector<char*>blocks_ -port::AtomicPointer memory_usage_
+char* Allocate(size_t bytes) +char* AllocateAligned(size_t bytes) +size_t MemoryUsage()const -AllocateFallback(size_t bytes) -AllocateNewBlock(size_t block_bytes)

图 5-17　Arena 类的定义

Arena 类主要提供了 3 个接口方法。内存分配相关的方法有以下两个：

```
char* Allocate(size_t bytes);
char* AllocateAligned(size_t bytes);
```

参数：size_t bytes，表示需要分配的内存的字节大小。

返回值：char*，分配后的内存段的起始指针地址。

Allocate 与 AllocateAligned 具有相同的函数接口，两者都返回分配好的内存段的指针地址。而唯一区别在于，AllocateAligned 不仅要分配指定字节大小的内存，还保证了内存首地址满足内存对齐的相关原则。

关于内存使用量的统计方法为：

```
size_t MemoryUsage() const
```

返回值：size_t，返回 Arena 内存池分配的总体内存空间大小。

在 LevelDB 中，Arena 在内存中的基本结构，如图 5-18 所示。

图 5-18 中描述的 3 个成员变量可从 Arena 的类中定义。blocks_ 是一个 char* 类型的 vector 动态数组，数组中的每一个元素均保存一个 char 类型的指针地址。这些指针地址指向堆空间中预分配的一个大的内存块，称之为 Block，一般而言，Block 为固定大小的内存块。arena.cc 文件针对 Block 的大小，定义了一个静态常量 kBlockSize 予以描述，如下所示。因此 LevelDB 中默认的 Block 大小为 4096B，即 4KB。

```
static const int kBlockSize = 4096;
```

系统进程不断地存储，空闲空间也越来越少，当整个 Block 被存满时，则需要重新申请新的 Block。成员变量 alloc_ptr_ 也是一个 char* 类型的指针变量，从图 5-18

中可以看出，其总是指向当前最新 Block 中空闲内存空间的起始地址，而另一个 size_t 类型成员变量 alloc_bytes_remaining_ 则用于表示当前 Block 所剩余的空闲内存空间大小。

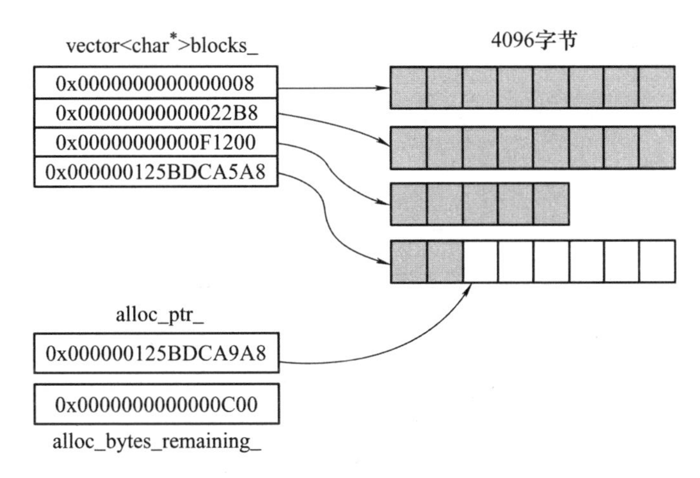

图 5-18　Arena 在内存中的基本结构

代码清单 5-32 为 Arena 类的构造函数与析构函数实现，主要描述了 Arena 构造与销毁的主要过程。在调用构造函数时，主要是对 alloc_ptr_ 与 alloc_bytes_remaining_ 两个私有成员变量进行初始赋值操作，由于在实例化一个 Arena 对象时，此时 blocks_ 的 vector 数组为空，则对应的 alloc_ptr_ 也直接赋空值，并且将剩余的字节空间 alloc_bytes_remaining_ 也赋值为 0。值得注意的是，析构函数通过对 vector 数组的遍历，进而删除其分配的所有 Block 所对应的指针，可见这里面决定了 Arena 的内存申请与销毁机制，即在需要使用时申请，当应用退出时一次性释放。

代码清单 5-32　Arena 类的构造函数与析构函数实现

```
//构造函数
Arena::Arena() : memory_usage_(0) {
  alloc_ptr_ = NULL;
  alloc_bytes_remaining_ = 0;
}
//析构函数
Arena::~Arena() {
  for (size_t i = 0; i < blocks_.size(); i++) {
   delete[] blocks_[i];
  }
}
```

5.5.3 Arena 内存的分配

本节将介绍 Arena 内存池中与分配有关的两个接口函数：Allocate 与 AllocateAligned，先来介绍 Allocate 函数。代码清单 5-33 描述了 Allocate 的实现逻辑与过程，以及 Allocate 所依赖的两个私有成员函数 AllocateFallback 与 AllocateNewBlock。Allocate 采用了内联函数的形式，如下所示：

```
inline char* Arena::Allocate(size_t bytes)
{
    …
}
```

bytes 是函数参数，表示需要分配的内存大小，一般 bytes 不能为 0。在 Allocate 实现代码中也采用 assert 语句，对 bytes 为 0 的情况进行了规避。根据 bytes 参数的大小，Allocate 函数的实现主要分两种情况：

1）需要分配的字节数小于等于 alloc_bytes_remaining_；

2）需要分配的字节数大于 alloc_bytes_remaining_。

第一种情况 Allocate 函数直接返回 alloc_ptr_ 指向的地址空间，然后对 alloc_ptr_ 与 alloc_bytes_remaining_ 进行更新。第二种情况 Allocate 函数则需要调用 AllocateFallback 方法进行实现。AllocateFallback 用于申请一个新 Block 内存空间，然后分配需要的内存并返回，因此当前 Block 剩余空闲内存就不可避免地浪费了。从代码清单 5-33 可以看出，AllocateFallback 的使用也包括两种情况：

1）需要分配的空间大于 kBlockSize 的 1/4（即 1024 字节）；

2）需要分配的空间小于等于 kBlockSize 的 1/4。

kBlockSize 表示每一个 Block 的固定大小，LevelDB 源码中的默认值为 4096。第一种情况分配的是一段较大的内存，因此 LevelDB 的做法是直接申请需要分配空间大小的 Block，从而避免剩余内存空间的浪费。第二种情况由于所需内存空间小于 kBlockSize 的 1/4，则直接申请一个大小为 kBlockSize 的新 Block 空间，然后在新的 Block 上分配需要的内存并返回其首地址。

AllocateFallback 在两种情况下均调用了 AllocateNewBlock 方法，而这个方法用于分配新的 Block，其参数 block_bytes 指定新申请的 Block 空间的大小。代码清单 5-33 中 AllocateFallback 方法的实现代码研读起来并不复杂，其主要代码共 3 行，依次进行如下操作：

1）通过 new 方法，申请了一段大小为 block_bytes 的内存空间；

2）将首地址 result 存入动态数组 blocks_ 中；

3）更新当前申请的总内存空间的大小 memory_usage_；

4）返回内存空间 Block 的首地址。

代码清单 5-33 与 Allocate 有关的函数实现

```
inline char* Arena::Allocate(size_t bytes) {
    assert(bytes > 0);//不允许参数bytes小于等于0
    if (bytes <= alloc_bytes_remaining_) {
      char* result = alloc_ptr_;
      alloc_ptr_ += bytes;
      alloc_bytes_remaining_ -= bytes;
      return result;
    }
    return AllocateFallback(bytes);
}
char* Arena::AllocateFallback(size_t bytes) {
    if (bytes > kBlockSize / 4) {
      //如果需要分配的空间大于kBlockSize的1/4，则直接按照需要的空间进行分配
      char* result = AllocateNewBlock(bytes);
      return result;
    }
    // 否则分配一个kBlockSize大小的空间，并在新的Block上分配所需空间
    alloc_ptr_ = AllocateNewBlock(kBlockSize);
    alloc_bytes_remaining_ = kBlockSize;

    char* result = alloc_ptr_;
    alloc_ptr_ += bytes;
    alloc_bytes_remaining_ -= bytes;
    return result;
}
// 申请新的内存空间
char* Arena::AllocateNewBlock(size_t block_bytes) {
    char* result = new char[block_bytes];
    blocks_.push_back(result);
    memory_usage_.NoBarrier_Store(reinterpret_cast<void*>(MemoryUsage() +
                                  block_bytes + sizeof(char*)));
    return result;
}
```

为了更具体说明，Allocate 在实际使用过程中的内存分配机制，下面举一个实际的使用案例，并对其进行分析。操作的具体步骤如下。

步骤 1：初始化一个新的 Arena 实例 arena；

步骤 2：采用 Allocate 方法分配一个 1000 字节的内存空间；

步骤 3：采用 Allocate 方法分配一个 2500 字节的内存空间；

步骤 4：采用 Allocate 方法分配一个 2000 字节的内存空间；

步骤 5：采用 Allocate 方法分配一个 100 字节的内存空间；

步骤 6：销毁 arena 对象。

上述内存分配案例实际的操作过程如代码清单 5-34 所示。这里将主要分析内存的申请与分配过程。

代码清单 5-34　内存分配案例

```
Arena* arena_ = new Arena();
arena_->Allocate(1000)
arena_->Allocate(2500)
arena_->Allocate(2000)
arena_->Allocate(100)
delete arena_
```

上述内存分配案例从步骤 2 到步骤 5，主要为内存的申请与分配操作，图 5-19 演示了从步骤 2 到步骤 5 的整个过程中，内存的分配动态过程。

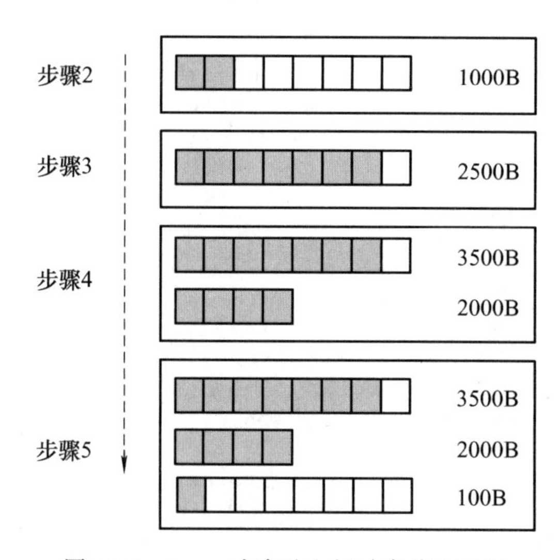

图 5-19　Arena 内存池空间动态分配过程

步骤 2：请求一个 1000 字节的内存空间。Arena 内存池初始状态下剩余空间 alloc_bytes_remaining_ 为 0，需要申请新的 Block，由于 1000 小于 1024（4096 的 1/4 为 1024），则直接申请一个 4096 字节的 Block，然后从首地址开始分配 1000 字节并返回，而此时 alloc_bytes_remaining_ 为 3096 字节（4096–1000=3096）。

步骤 3：请求一个 2500 字节的内存空间。由于需要的字节数小于当前 Block 剩余的字节数（2500<3096），因此直接在当前的 Block 中分配 2500 字节的内存，并返回该段内存的起始地址，所以此时当前 Block 中的剩余字节 alloc_bytes_remaining_ 的大小为 596（3096–2500=596）。

步骤 4：请求一个 2000 字节的内存空间。当前 Block 中的剩余空间只有 596，不足以分配 2000 字节，因此需要重新申请新的 Block，而恰恰此时需要的 2000 字节大于 Block 大小的 1/4，则直接申请大小为 2000 字节的 Block 并直接返回。经过这一步后，由于新的 2000 字节刚好满足需求，则此时的 alloc_bytes_remaining_ 为 0。

步骤 5：请求一个 100 字节的内存空间。由于之前的 Block 刚好满足需求，且剩余空间为 0，这时需要再分配一个 100 字节的内存，则又要重新申请一个新的 Block，由于 100<1024，那么此时申请的 Block 空间大小为 4096，从中划取一段 100 字节的内存空间以满足需求。可见步骤 5 的操作与步骤 2 类似。

与 Allocate 函数相同，AllocateAligned 也用于内存的分配，而不同点在于 AllocateAligned 考虑了分配内存时的内存对齐问题。关于 C/C++ 中的内存对齐，读者可以在网上找到相当多的资料来了解。而 Arena 内存池中的内存对齐主要是指，AllocateAligned 进行内存分配所返回的起始地址应为 b/8 的倍数，在这里 b 代表操作系统平台的位数（32 位或 64 位）。

代码清单 5-35 描述了 AllocateAligned 方法实现的整个过程。

代码清单 5-35　AllocateAligned 函数实现

```
char* Arena::AllocateAligned(size_t bytes) {
  const int align = (sizeof(void*) > 8) ? sizeof(void*) : 8;
  // 判断align是否是2的正整数次幂
  assert((align & (align-1)) == 0);
  size_t current_mod = reinterpret_cast<uintptr_t>(alloc_ptr_) & (align-1);
  size_t slop = (current_mod == 0 ? 0 : align - current_mod);
  size_t needed = bytes + slop;
  char* result;
  if (needed <= alloc_bytes_remaining_) {
    result = alloc_ptr_ + slop;
    alloc_ptr_ += needed;
    alloc_bytes_remaining_ -= needed;
  } else {
    // AllocateFallback总是会返回对齐后的内存地址
```

```
    result = AllocateFallback(bytes);
  }
  assert((reinterpret_cast<uintptr_t>(result) & (align-1)) == 0);
  return result;
}
```

目前，主流的服务器平台均开始采用 64 位的操作系统，64 位操作系统的指针同样为 64 位（即 8 个字节），因此这里的对齐就需要使分配的内存起始地址必然为 8 的倍数。要满足这一条件，采用的主要办法就是判断当前空闲内存的起始地址是否为 8 的倍数：如果是，则直接返回；如果不是，则对 8 求模，然后向后寻找最近的 8 的倍数的内存地址并返回，具体流程如图 5-20 所示。

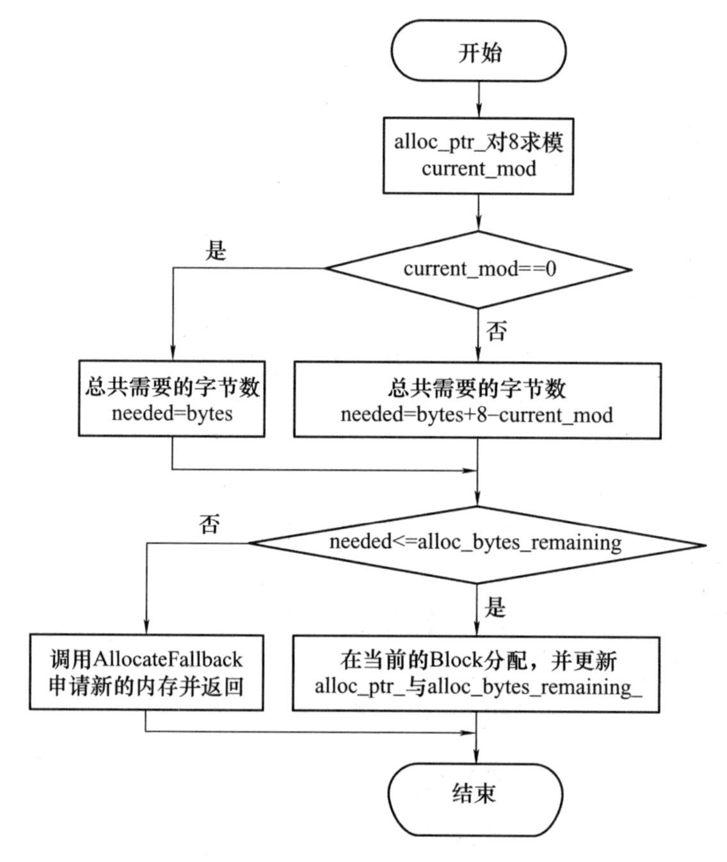

图 5-20　AllocateAlign 流程图

需要注意是，由于分配的内存块的起始地址需为 8 的倍数，因而可能存在 padding 的情况，因此在当前 Block 内的内存分配实际需要的字节数，可能大于参数中的 bytes。此外，AllocateFallback 返回的内存地址最终是采用 new 的方法进行内存分配，决定了其本身就满足上述所说的内存对齐原则，所以无须再对该地址进行取模判断。

提示：64 位的操作系统，为什么有时编译的程序指针还是 4 字节呢？

可能有些读者在 Windows 平台下，由于要兼容 32 位程序，编译器需要设置编译成 32 位应用程序还是 64 位应用程序，这给开发者造成一种错觉，即为什么 64 位的机器测试出来指针的大小还是 4 字节。其实，所谓的 64 位操作系统是指能在 64 位 CPU 上运行的系统，而 64 位 CPU 的 64 位指的是数据字长，而不是地址字长。因此从这个角度上看，两者之间并没有必然联系。综上所述，指针的字节与编译器相关，与操作系统的位数无关。

一般而言，计算机进行乘除或求模运算的速度远慢于位操作运算。而在代码清单 5-35 中，也能看到有几处巧妙地使用了位运算。

（1）用位运算判断某个数值是否为 2 的正整数幂

```
assert((align & (align-1)) == 0);
```

上述位操作的主要思想是将 align 与 align−1 两个数值的所有位进行“与”操作。众所周知，如果某一个数值为 2 的正整数幂，则从二进制的表示形式来看，有且只有其中一位为 1，其他位全为 0。图 5-21 为用位运算判断某个数值是否为 2 的正整数幂的示例，以 128（$128=2^7$）为例，分别给出了 128 与 127（128−1）两个数值的二进制表示形式，可以明显看出当 128 进行减 1 后，与 128 的二进制表示相比，所有位均进行了翻转，所以两者进行 & 位操作后值为 0。

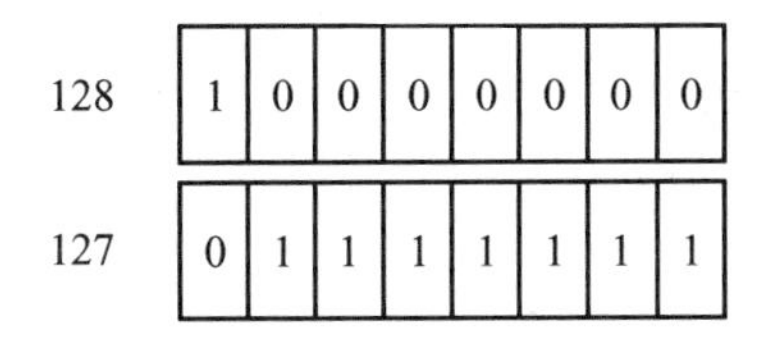

图 5-21　位操作判定某个数是不是 2 的正整数幂

（2）用位运算进行求模

```
size_t current_mod = reinterpret_cast<uintptr_t>(alloc_ptr_) & (align-1);
```

假设 align 等于 8，那么 7 的二进制表示为 111，则该运算采用位的与操作将返回 alloc_ptr_ 的最后 3 个比特位，而这 3 个比特位代表的值即 alloc_ptr_ 对 align 取模后的结果。位操作取模示意图如图 5-22 所示，147 的二进制表示为 10010011，其换算成十进制的公式表示为 2^7+2^4+2^1+2^0。147 对 8 取模，8 可以表示为 2^3，由此易见（2^7+2^4+2^1+2^0）/2^3，2^7+2^4 均能被 2^3 整除，则余数为 2^1+2^0，采用二进制表示，其结果为 00000011，换算成十进制为 3（147 对 8 取模）。使用位运算求模即将 147 与 7（8-1）进行按位与运算，得到二进制表示 00000011，换算成十进制也为 3。

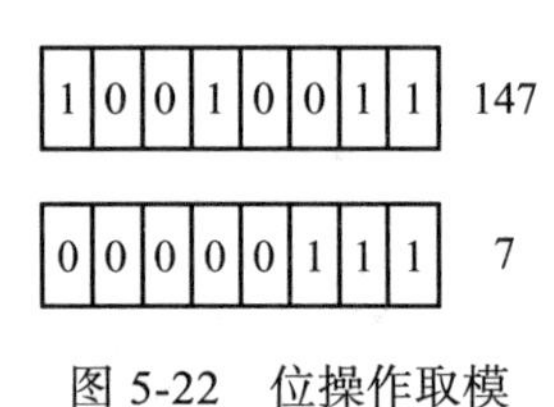

图 5-22　位操作取模

5.5.4　内存使用率统计

Arena 中有一个私有的成员变量 memory_usage_，用于存储当前 Arena 所申请的总共的内存空间大小。代码清单 5-36 归纳了该成员变量的读与写的两个过程。memory_usage_ 的类型为 AtomicPointer，主要用于无锁的线程同步。对于 Arena 而言，整个 LevelDB 在运行过程中有且只有一个 Arena 的实例，而对 memory_usage_ 进行写操作是在 Arena 内部进行的，且 Arena 主要用在 MemTable 中。在代码清单 5-36 中，memory_usage_ 主要采用 NoBarrier 的模式进行 Load 与 Store 操作。数据读取的过程比较简单，即直接通过 Load 操作返回该指针所保存的一个数值。而在数据写或更新过程中，可以看到每一次 Store 操作均伴随一次 AllocateNewBlock 过程。换句话说，每一次采用 new 方法申请分配一段内存 Block，均需要更新当前所申请的总内存空间值，更新的公式如下：

```
memory_usage_新值 = memory_usage_原值 + block_bytes + sizeof(char*)
```

可见上述公式就是对 memory_usage_ 进行增量更新，增量值为 block_bytes 与 sizeof（char*）之和。block_bytes 是需要新申请的 Block 的大小，开发者也许会问：为什么还需要加上一个 sizeof（char*）呢？这是因为在申请完 Block 后，Block 的首地址需要存储在一个 vector<char*> 的动态数组 blocks_ 中，因而需要额外占用一个指针的空间。

代码清单 5-36　memory_usage_ 变量的读写

```
// 返回Arena分配内存的总大小
size_t MemoryUsage() const {
  return reinterpret_cast<uintptr_t>(memory_usage_.NoBarrier_Load());
}
char* Arena::AllocateNewBlock(size_t block_bytes) {
  char* result = new char[block_bytes];
  blocks_.push_back(result);
  memory_usage_.NoBarrier_Store(
    reinterpret_cast<void*>(MemoryUsage() + block_bytes + sizeof(char*)));
  return result;
}
```

5.5.5　非内存池的内存分配优化

在 LevelDB 中，许多代码中会有一些需要调用 new 或 malloc 方法进行堆内存操作的情况。针对这种情况，有没有一种可靠、有效的优化方法呢？答案是肯定的。

LevelDB 使用 TCMalloc 进行优化。TCMalloc（Thread-Caching Malloc）是 google-perftool 中一个管理堆内存的内存分配器工具，可以降低内存频繁分配与释放所造成的性能损失，并有效控制内存碎片。默认 C/C++ 在编译器中主要采用 glibc 的内存分配器 ptmalloc2。同样的 malloc 操作，TCMalloc 比 ptmalloc2 更具性能优势。TCMalloc 的详细介绍可以参见 http://goog-perftools.sourceforge.net/doc/tcmalloc.html。

TCMalloc 的使用比较简单，不需要修改任何源码，只需要在编译过程中链接 TCMalloc 的动态链接库。LevelDB 的源码会在 Build_detect_platform 文件中判断当前系统是否支持 TCMalloc，如果支持则加入 –ltcmalloc，以在整个应用中支持 TCMalloc，判断过程详见代码清单 5-37。

代码清单 5-37　LevelDB 中判断平台是否支持 TCMalloc

```
# 检测平台是否支持TCMalloc
    $CXX $CXXFLAGS -x c++ - -o $CXXOUTPUT -ltcmalloc 2>/dev/null  <<EOF
      int main() {}
EOF
    if [ "$?" = 0 ]; then
      PLATFORM_LIBS="$PLATFORM_LIBS -ltcmalloc"
    fi
```

5.6 小结

本章介绍了 LevelDB 的主要模块中所依赖的一些公用基础类与基础接口方法，包括如何实现 LevelDB 的跨平台操作、文件操作、内存管理以及数值编码等。后续章节介绍的各个模块均需要基于这些公用基础类来实现。因此对该章节不熟悉的读者，需要耐心、认真研读，从而在后续章节的阅读中能更加深刻地了解 LevelDB 的精髓。

第 6 章 Chapter 6

Log 模块

当向 LevelDB 写入数据时，只需要将数据写入内存中的 MemTable，而内存是易失性存储，因此 LevelDB 需要一个额外的持久化文件：预写日志（Write-Ahead Log，WAL），又称重做日志。这是一个追加修改、顺序写入磁盘的文件。当宕机或者程序崩溃时 WAL 能够保证写入成功的数据不会丢失。将 MemTable 成功写入 SSTable 后，相应的预写日志就可以删除了。在 LevelDB 中，我们称预写日志为 Log。

本章首先介绍 Log 文件的格式以及读写操作流程，接着介绍 LevelDB 何时会写 Log 文件以及当因为掉电或者宕机导致程序崩溃后，如何从一个 Log 文件读取并且恢复 MemTable。

6.1 Log 文件格式定义

Log 文件以块为基本单位，每一个块大小为 32768 字节。一条记录可能全部写到一个块上，也可能跨几个块。

先看看单条记录的格式，如图 6-1 所示。

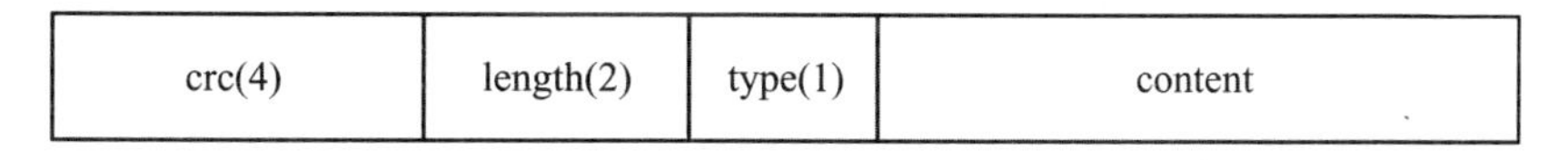

图 6-1 单条记录格式

每一个块由头部与内容两部分组成。头部由 4 字节校验，2 字节的长度与 1 字节的类型构成，即每一个块的开始 7 字节属于头部。头部中的类型字段有如下 4 种：

```
kFullType = 1,
kFirstType = 2,
kMiddleType = 3,
kLastType = 4
```

kFullType 表示一条记录完整地写到了一个块上。当一条记录跨几个块时，kFirstType 表示该条记录的第一部分，kMiddleType 表示该条记录的中间部分[1]，kLastType 表示该条记录的最后一部分。

我们通过两个例子说明头部中的类型字段，图 6-2 所示为一个块中包含多条记录，记录中每个头部的类型都为 kFullType，这表明该条记录完整地写到了一个块上。图 6-3 所示是一条记录跨了三个块，头部的类型分别为 kFirstType、kMiddleType 和 kLastType，分别表示第一个块只包含记录的开始部分，第二个块只包含记录的中间部分，第三个块只包含记录的最后部分。

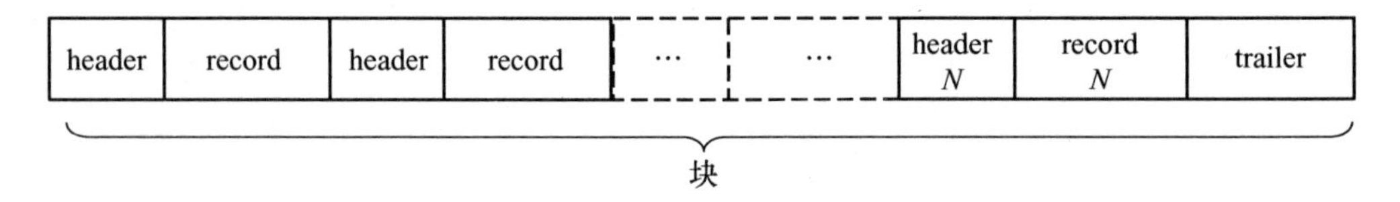

图 6-2 一个块中包含多条记录

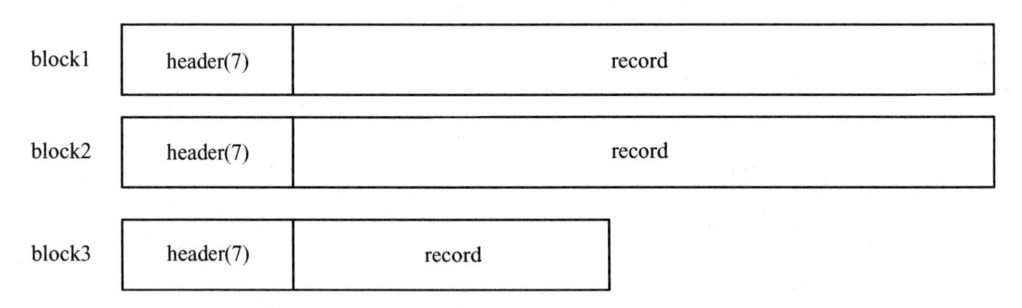

图 6-3 一条记录跨三个块

[1] 实际使用中，一个记录可能有多个类型为 kMiddleType 的中间部分，也可能没有类型为 kMiddleType 的中间部分。

通过记录结构可以推测出 Log 文件的读取流程，即首先根据头部的长度字段确定需要读取多少字节，然后根据头部类型字段确定该条记录是否已经完整读取，如果没有完整读取，继续按该流程进行，直到读取到记录的最后一部分，其头部类型为 kLastType。

下面我们通过代码来详细分析 Log 文件的读写操作流程。

6.2 Log 文件读写操作

本节通过代码详细介绍 LevelDB 中 Log 文件的写入和读取流程。

6.2.1 Log 文件写入

Log 文件写入相关代码位于 db/log_writer.h 和 db/log_writer.cc 两个文件中，头文件 db/log_writer.h 中包含一个公共方法，如下：

```
Status AddRecord(const Slice& slice);
```

该方法将记录写入一个 Slice 结构（参见 2.1 节），调用 AddRecord 就会写入 Log 文件。AddRecord 根据写入记录的大小确定是否需要跨块，并据此得出相应的头部类型，然后将记录写入并且刷新到磁盘。

我们通过两个具体的例子来观察写入过程。例 1 为一条记录完整写入一个块的情况，在这个例子中还会讨论记录写入之后如果被写入的块剩余空间小于头部长度（7 字节）时该如何处理。例 2 为一条记录跨多个块的情况。

例 1：假设记录大小为 500 字节，并且当前 Log 文件中已经写入了 1000 字节，记录结构可参考图 6-4。

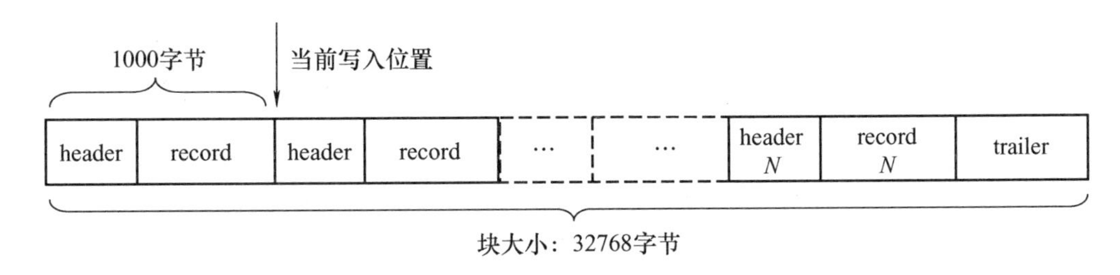

图 6-4 例 1 记录结构

一个块大小为 32 768 字节，当前已经写入 1000 字节，那么该条 500 字节的记录可以完整地放到这个块中。头部分别写入 4 字节的校验字段，2 字节的长度字段（500），1 字节的类型字段（kFullType），然后将 500 字节的内容附加到头部之后即可。此时这个块的写入偏移变为 1507 字节（1000 字节初始偏移加 500 字节的新记录长度，再加 7 字节的新记录头部长度）的位置。

继续观察一种情况，假设新记录大小为 31 755 字节，那么写入该条记录之后，写入偏移变为 32 762 字节（1000 字节初始偏移加 31 755 字节的新记录长度，再加 7 字节的新记录头部长度），此时这个块中只有 6 字节的剩余空间。而一个记录的头部就需要 7 个字节，因此再有新记录插入时，则不能继续使用该块。此时会将该块剩余的 6 字节置为 \x00\x00\x00\x00\x00\x00，即图 6-4 所示的尾部（trailer）。实际使用中，只要一个块的剩余空间小于等于 6 字节，都会将剩余位置置为 \x00。

例 2：记录大小为 50 000 字节，并且当前 Log 文件中已经写入了 1000 字节，记录结构可参考图 6-5。

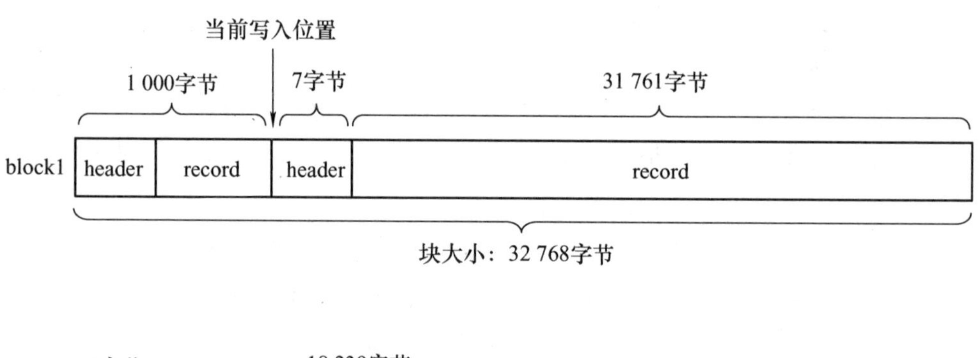

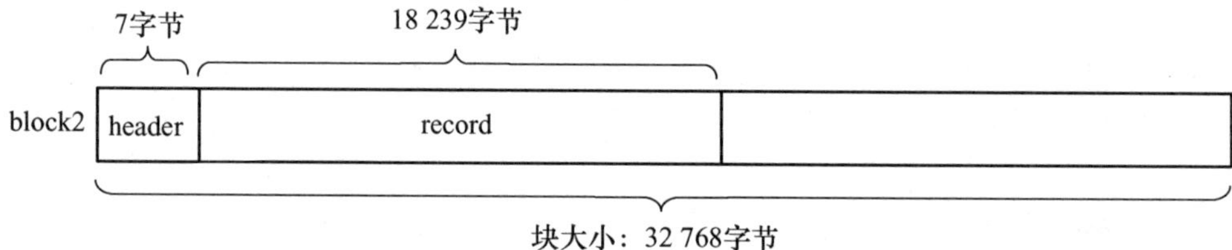

图 6-5　例 2 记录结构

当前已经写入 1000 字节，首先写入 7 字节的头部，然后写入 31 761 字节的内容。接着开始写第二个块，同样是 7 字节的头部，然后写入 18 239 字节的内容，此时第二个块共占用 18 246 字节（7 字节头部加 18 239 字节内容）。

通过上述两个例子可以了解写入 Log 文件的过程，接着继续观察写入方法

AddRecord的代码逻辑：

```
Status Writer::AddRecord(const Slice& slice) {
  //prt指向需要写入的记录内容
  const char* ptr = slice.data();
  //left代表需要写入的记录内容长度
  size_t left = slice.size();
  Status s;
  // begin为true表明该条记录是第一次写入，即如果一个记录跨越多个块，只有写入第一个块时
  // begin为true，其他时候会置为false。通过该值可以确定头部类型字段是否为kFirstType
  bool begin = true;
  do {
    //kBlockSize为一个块的大小(32768字节)，block_offset_代表当前块的写入偏移量，
    //因此leftover表明当前块还剩余多少字节可用
    const int leftover = kBlockSize - block_offset_;
    //kHeaderSize为每个记录的头部长度(7字节)，如果当前块的剩余空间小于7个字节并且不
    //等于0，则需要填充\x00
    //如果leftover等于0，则说明正好写满一个块，将block_offset_置为0，表明开始
    //写入一个新的块
    if (leftover < kHeaderSize) {
      if (leftover > 0) {
        dest ->Append(Slice("\x00\x00\x00\x00\x00\x00", leftover));
      }
      block_offset_ = 0;
  }
  ...
  //计算块剩余空间
  const size_t avail = kBlockSize - block_offset_ - kHeaderSize;
  //当前块能够写入的数据大小取决于记录剩余内容和块剩余空间之中比较小的值
  const size_t fragment_length = (left < avail) ? left : avail;
  RecordType type;
  //end字段表示该条记录是否已经完整地写入
  const bool end = (left == fragment_length);
  //通过begin和end字段组合判断头部类型
  if (begin && end) {
    type = kFullType;//开始写入时就完整地写入了一条记录，因此为kFullType
  } else if (begin) {
    type = kFirstType;//开始写入但未完整写入，因此是kFirstType
  } else if (end) {
    type = kLastType;//完整写入但已经不是第一次写入，因此是kLastType
  } else {
    type = kMiddleType;//既不是第一次写入也不是完整写入，因此为kMiddleType
  }
    //按图6-1所示格式将数据写入并刷新到磁盘文件，然后更新block_offset_字段长度
    s = EmitPhysicalRecord(type, ptr, fragment_length);
```

```
    ptr += fragment_length; //更新需要写入的记录指针
    left -= fragment_length;//更新需要写入的记录内容大小
    begin = false;//第一次写入之后将begin置为false
  } while (s.ok() && left > 0);//一直到left不大于0或者某次写入失败时停止
  return s;
}
```

代码中 block_offset_ 变量表明当前写入块的偏移量，即当前块已经写了多少字节。每次开始写入时首先判断当前块剩余空间是否小于等于 6 字节并且大于 0 字节，如果是，需要使用 \x00 做填充，然后开始写入一个新的块，此时会将 block_offset_ 重新置为 0。left 变量代表剩余需要写入的字节数，begin 变量只在写入第一个块时为 true，其他时候为 false。如果剩余需要写入的字节数，即 left 变量小于等于当前块的剩余空间（需要减去 7 字节头部），则 end 变量为 true，其他时候为 false。根据 begin 和 end 变量的值即可判断出类型字段。最终调用 EmitPhysicalRecord 函数写入内容，该函数的作用为生成头部 4 字节校验字段，并且按照图 6-1 所示的记录结构写入文件并且刷新到磁盘，最后将 block_offset_ 字段长度增加，即更新写入偏移量。

至此，一条记录的写入流程介绍完毕。接着继续观察 Log 文件的读取过程。

6.2.2 Log 文件读取

Log 文件的读取代码主要位于 db/log_reader.h 和 db/log_reader.cc 两个文件。头文件 db/log_reader.h 中包含一个公共方法 ReadRecord：

```
bool ReadRecord(Slice* record, std::string* scratch);
```

ReadRecord 方法读取到的记录会保存在 record 参数中。一个记录可能会跨越几个块，因此 ReadRecord 方法中包括了一个 scratch 参数，以该参数作为临时存储，保存或者追加读取到的记录，直到完整读取一条记录之后赋值给 record 参数并返回。如果成功读取到完整的记录则返回 true，否则返回 false。

ReadRecord 的代码逻辑如下：

```
bool Reader::ReadRecord(Slice* record, std::string* scratch) {
  ...
  Slice fragment;
  while (true) {
    // ReadPhysicalRecord函数会读取Log文件，之后保存读取的记录到fragment变量，并且
    // 返回该条记录的类型
    const unsigned int record_type = ReadPhysicalRecord(&fragment);
```

```
    ...
    // 根据记录类型，判断是否需要将当前读取的记录附加到scratch并继续读取
    switch (record_type) {
      case kFullType:
        ...
        scratch->clear();
        *record = fragment;//如果是完整的记录则直接赋值给record并返回
        return true;
      case kFirstType:
        ...
        //如果是记录的第一部分，则先将该记录复制到scratch，之后继续读取记录
        scratch->assign(fragment.data(), fragment.size());
        break;
      case kMiddleType:
        ...
        //如果是记录的中间部分，则将该部分追加到scratch，并继续读取
        scratch->append(fragment.data(), fragment.size());
        break;
      case kLastType:
        ...
        //如果是记录的最后一部分，则将该部分继续追加到scratch，因为已经读取到最后一部分，
        //因此可以将scratch的数据赋值给record，并返回记录
        scratch->append(fragment.data(), fragment.size());
        *record = Slice(*scratch);
        return true;
        break;
        ...
    }
  }
  return false;
}
```

ReadRecord读取一条记录到fragment变量中，并且返回该条记录的类型，如果是一条完整的记录则直接赋值给record并返回true；否则会先将数据临时存储到scratch变量，并且将中间记录追加到scratch变量，直到读取出类型为kLastType的记录并且追加到scratch，此时再将scratch的值赋给record，并返回true。

注意，读取Log文件时可以从指定偏移量开始，此种情况需要先从文件中偏移一定量的块，然后再开始读取。如果初始读取到的类型为kMiddleType或者kLastType，则需要忽略并且继续偏移。具体代码逻辑可自行参考函数ReadRecord，此处不再详细介绍。

通过对AddRecord和ReadRecord的分析，我们了解了Log文件的写入和读取流

程。接下来我们介绍 LevelDB 何时会写入 Log 文件以及何时需要读取 Log 文件，如何从 Log 文件恢复一个 MemTable。

6.3 记录 Log 文件

LevelDB 每次进行写操作时，都需要调用 AddRecord 方法向 Log 文件写入此次增加的键–值对，并且根据 WriteOptions 中 sync 的值（布尔型）来决定是否需要进行刷新磁盘操作（Linux 环境下执行的是 fsync() 函数）。调用 AddRecord 的代码位于 db/db_impl.cc 中的 Write 方法，具体如下：

```
//将内容记录到Log文件
status = log_->AddRecord(WriteBatchInternal::Contents(write_batch));
bool sync_error = false;
//根据参数决定是否需要进行刷新磁盘操作
if (status.ok() && options.sync) {
   status = logfile_->Sync();
   if (!status.ok()) {
     sync_error = true;
   }
}
```

在上述代码中，调用 AddRecord 时传入的参数为 WriteBatchInternal::Contents (write_batch)，最终插入 Log 文件的数据格式如图 6-6 所示。

sequenceNumber(8)	count(4)	type(1) 0x0 delete 0x1 key/value	key_len	key	value_len	value

图 6-6 Log 文件记录的格式

对 Log 文件记录格式包含的要素依次解释如下。

1）序列号（sequenceNumber）：占 8 个字节，表示该批次的序列号。

2）个数（count）：占 4 个字节，表示该批次有多少键–值对。

3）类型（type）：0x0 表示删除该批次键–值对，0x1 表示新增键–值对。

其他要素依据名称即可得知用途，不再赘述。

另一种需要调用 AddRecord 的场景为 Manifest 相关操作。在 LevelDB 中，Manifest 是一个元数据清单，元数据主要包括比较器的名称、日志文件的序号、下一个文件的序号、当前的最大序列号以及每一层包含哪些文件等信息，这些信息也需要记录并且刷新到磁盘，以便 LevelDB 恢复或者重启时能够重建元数据。

键-值对每次写入时都需要先记录到 Log 文件，每个 Log 文件对应着一个 MemTable，因此只有当一个 MemTable 大小因超出阈值而触发落盘并且成功生成一个 SSTable 之后，才可以将对应的 Log 文件删除。当 LevelDB 启动时会检测是否存在没有删除掉的 Log 文件，如果有，则说明该 Log 文件对应的 MemTable 数据并未成功持久化到 SSTable，此时则需要从该 Log 文件恢复 MemTable。

6.4　从 Log 文件恢复 MemTable

当打开一个 LevelDB 的数据文件时，需先检验是否进行崩溃恢复，如果需要，则会从 Log 文件生成一个 MemTable，代码见 db/db_impl.cc 的 RecoverLogFile 函数。该函数代码如下：

```
Status DBImpl::RecoverLogFile(uint64_t log_number, bool last_log,
                              bool* save_manifest, VersionEdit* edit,
                              SequenceNumber* max_sequence) {
...
//循环读取日志文件
while (reader.ReadRecord(&record, &scratch) && status.ok()) {
    ...
    WriteBatchInternal::SetContents(&batch, record);
    //将日志记录插入MemTable中
    status = WriteBatchInternal::InsertInto(&batch, mem);
    if (!status.ok()) {
      break;
    }
    ...
    //如果MemTable大小超过阈值，需要将其生成SSTable，详细逻辑参考7.3节
    if (mem->ApproximateMemoryUsage() > options_.write_buffer_size) {
      compactions++;
      *save_manifest = true;
      status = WriteLevel0Table(mem, edit, nullptr);
      mem->Unref();
      mem = nullptr;
    }
  }
}
```

读取日志记录，然后将日志记录依次插入 MemTable 中，实现该操作调用的方法为 WriteBatchInternal::InsertInto (&batch, mem)，最终实际调用的是 MemTable 的 Add 方法（参考 7.1.1 节）。当 MemTable 使用内存容量超出配置的 write_buffer_size（默认配置为 4MB）时，会将 MemTable 转换为一个 SSTable 写入磁盘。

6.5 小结

本章首先介绍了 Log 文件的文件格式以及读取、写入流程，然后介绍在 LevelDB 中何时需要读取和写入 Log 文件，最后介绍 LevelDB 启动时如果需要进行崩溃恢复流程，如何从 Log 文件生成一个 MemTable。

LevelDB 写入键 - 值对时首先写入 Log 文件，然后才会写入 MemTable，当 MemTable 超出设置的内存大小后，则需要将其写入磁盘，生成一个 SSTable 文件。下一章将介绍 MemTable 结构以及读写流程。

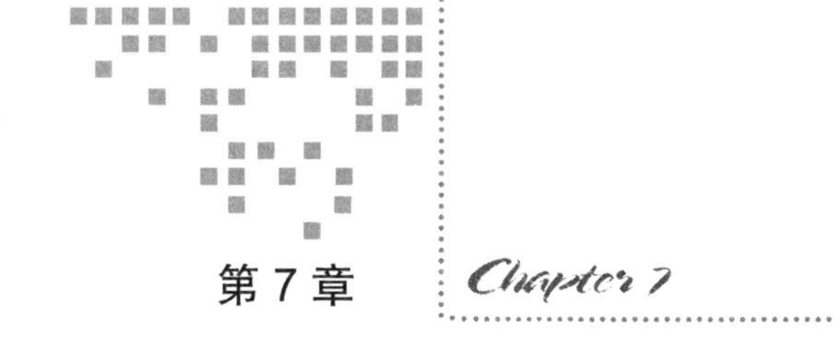

第 7 章 Chapter 7

MemTable 模块

通过第 4 章对 API 操作流程的介绍我们可以看到，API 进行读取时首先读取 MemTable，然后读取 Immutable MemTable，接着读取 SSTable；而进行写入时会先写入 Log，然后写入 MemTable。读写都会涉及 MemTable 模块。Log 文件与 MemTable 文件是一一对应关系，只有当 MemTable 大小超过设定的阈值，成功生成 SSTable 且刷新到磁盘之后才会将对应的 Log 文件删除，此时会开始使用一个新的 MemTable。如果涉及崩溃恢复，则需要从 Log 文件恢复一个 MemTable 文件。

本章首先介绍 LevelDB 中 MemTable 的表示及其具体实现，然后介绍如何由一个 MemTable 生成 SSTable。

7.1 MemTable 插入与查找

本节将介绍 LevelDB 中 MemTable 的类定义及其查找、插入方法。在 LevelDB 中，MemTable 是底层数据结构 SkipList 的封装，7.2 节将具体介绍 SkipList 的插入以及查找操作。

MemTable 类的定义如图 7-1 所示。

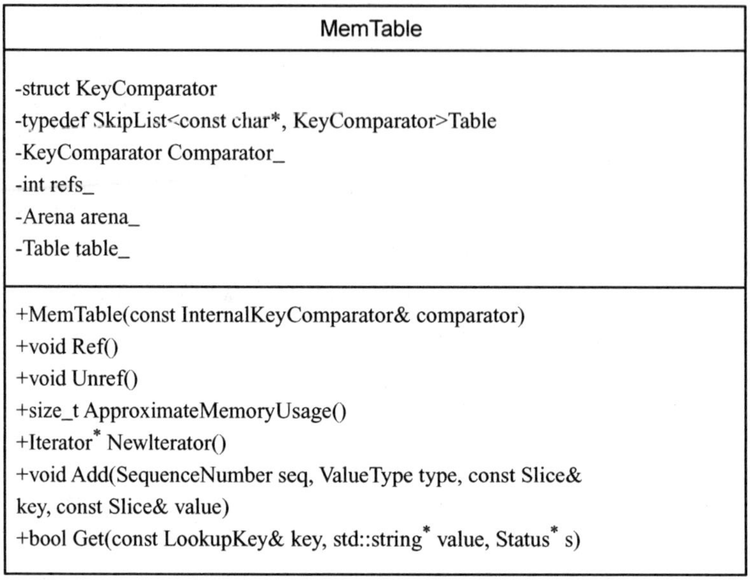

MemTable

-struct KeyComparator
-typedef SkipList<const char*, KeyComparator>Table
-KeyComparator Comparator_
-int refs_
-Arena arena_
-Table table_

+MemTable(const InternalKeyComparator& comparator)
+void Ref()
+void Unref()
+size_t ApproximateMemoryUsage()
+Iterator* NewIterator()
+void Add(SequenceNumber seq, ValueType type, const Slice& key, const Slice& value)
+bool Get(const LookupKey& key, std::string* value, Status* s)

图 7-1　MemTable 类的定义

MemTable 中的公共方法主要用于实现 key 的查找（Get）、插入（Add）以及生成一个迭代器（NewIterator），该迭代器可以遍历 MemTable。其中成员变量 table_ 是 SkipList，SkipList 是一个有序多层链表，因此需要用户自己定义一个比较器（即成员变量 comparator_）来决定键的顺序。成员变量 arena_ 类型为 Arena，LevelDB 中 Arena 类负责内存管理。MemTable 中与内存分配相关的操作都由变量 arena_ 负责，关于 Arena 类的介绍参考 5.5 节。下面先来介绍 MemTable 的插入流程。

7.1.1 MemTable 插入

插入通过调用 Add 方法实现，Add 方法定义如下：

```
void Add(SequenceNumber seq, ValueType type, const Slice& key,const Slice&
        value)
```

Add 方法参数说明如下。

- seq：key 的序列号（参考 4.4.2 节与 4.4.4 节）。
- type：key 的类型，0x0 表示删除一个 key，0x1 表示增加一个 key[⊖]。

⊖ LevelDB 中 key 的删除操作并不是直接物理删除，而是进行插入操作，通过 type 参数来标识是插入还是删除，参见 3.3 节。

- key：要插入的 key。
- value：与要插入的 key 对应的 value 值。

Add 方法的返回值：无。

Add 方法的关键代码如下：

```
void MemTable::Add(SequenceNumber s, ValueType type, const Slice&
key,const Slice& value) {
   …
   //分配内存并将数据按图7-2所示的格式组织之后放入该段内存
   char* buf = arena_.Allocate(encoded_len);
   ...
   //调用SkipList的Insert方法将数据插入
   table_.Insert(buf);
}
```

Add 方法首先计算该次插入需要的内存大小，分配内存并且将数据按图 7-2 所示的顺序写入，然后调用底层 SkipList 的插入方法将数据插入。

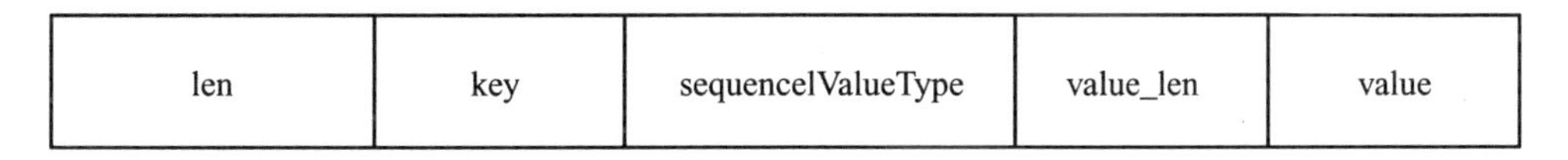

图 7-2　MemTable Add 方法数据写入形式

图 7-2 中所示 len 等于键的长度额外加 8 字节。这 8 字节中，sequence 占高位 7 字节，ValueType 占低位 1 字节。接着是值长度（value_len）和值（value）。插入过程即组织数据并插入底层的 SkipList，对此 7.2.1 节会详细介绍。下面继续介绍 MemTable 的查找流程。

7.1.2　MemTable 查找

1. Get 方法

MemTable 的查找可以通过 Get 方法实现，也可以通过迭代器遍历实现。Get 方法定义如下：

```
bool Get(const LookupKey& key, std::string* value, Status* s)
```

Get 方法参数说明如下。

- key：待查找的 key。

- value：如果找到 key 对应的值，则保存到 value 中并返回。
- s：该次查找的状态。

返回值说明如下。

- 如果找到与 key 对应的 value，并且类型为增加，则返回 true。
- 如果找到与 key 对应的 value，并且类型为删除，则返回 true，并将状态 s 标记为 NotFound。
- 如果没有找到与 key 对应的 value，则返回 false。

Get 方法关键代码如下：

```
bool MemTable::Get(const LookupKey& key, std::string* value, Status* s) {
    Slice memkey = key.memtable_key();
  //生成一个SkipList迭代器
    Table::Iterator iter(&table_);
  //在SkipList中查找
    iter.Seek(memkey.data());
    if (iter.Valid()) {
      const char* entry = iter.key();
      uint32_t key_length;
      //获取key的值
      const char* key_ptr = GetVarint32Ptr(entry, entry + 5, &key_
      length);
      //如果判断key完全相同，则继续取出ValueType，判断是否已经删除
      if (comparator_.comparator.user_comparator()->Compare(
          Slice(key_ptr, key_length - 8), key.user_key()) == 0) {
        const uint64_t tag = DecodeFixed64(key_ptr + key_length - 8);
        switch (static_cast<ValueType>(tag & 0xff)) {
          case kTypeValue: {//如果ValueType为增加一个键-值对，则取出值并且返回true
            Slice v = GetLengthPrefixedSlice(key_ptr + key_length);
            value->assign(v.data(), v.size());
            return true;
          }
          //如果ValueType为删除一个键-值对，则将状态赋值为NotFound，并且返回true
          case kTypeDeletion:
            *s = Status::NotFound(Slice());
            return true;
        }
      }
    }
    return false;
  }
```

参考 7.1.1 节对插入的介绍，查找操作会更加易于理解。MemTable 除了可以通

过 Get 方法查找一个 key 之外，也可以通过迭代器来进行查找。

2. MemTable 迭代器

迭代器通过 NewIterator 方法生成，生成迭代器之后可以遍历该 MemTable。NewIterator 方法定义如下：

```
Iterator* MemTable::NewIterator(){ return new MemTableIterator(&table_); }
```

使用 NewIterator 方法生成一个 MemTable 迭代器，实际返回的是一个 MemTableIterator 类，生成该类时会将 MemTable 的 table_ 成员变量传入 MemTableIterator 构造函数。MemTableIterator 类定义如下：

```
class MemTableIterator : public Iterator {
  public:
  explicit MemTableIterator(MemTable::Table* table) : iter_(table) {}
  ...
  bool Valid() const override { return iter_.Valid(); }
  void Seek(const Slice& k) override { iter_.Seek(EncodeKey(&tmp_, k)); }
  void SeekToFirst() override { iter_.SeekToFirst(); }
  void SeekToLast() override { iter_.SeekToLast(); }
  void Next() override { iter_.Next(); }
  void Prev() override { iter_.Prev(); }
  ...
};
```

可以看到，MemTable 迭代器的方法（例如 Valid、Seek、SeekToFirst）等实际都是调用自 SkipList 中的迭代器，我们会在 7.2.2 节对此进行详细介绍。

7.2　SkipList 插入与查找

SkipList 是一个多层有序链表结构，通过在每个节点中保存多个指向其他节点的指针，将有序链表平均的复杂度 $O(N)$ 降低到 $O(\log N)$。SkipList 因具有实现简单、性能优良等特点得到了广泛应用，例如 Redis 中的有序集合，以及 LevelDB 的 MemTable。

图 7-3 是 LevelDB 中的 SkipList 示意图。

由图 7-3 可知以下信息。

1）head_ 指向一个头节点，头节点中不保存数据，但其有 12 层指针（SkipList 的最高层级）。

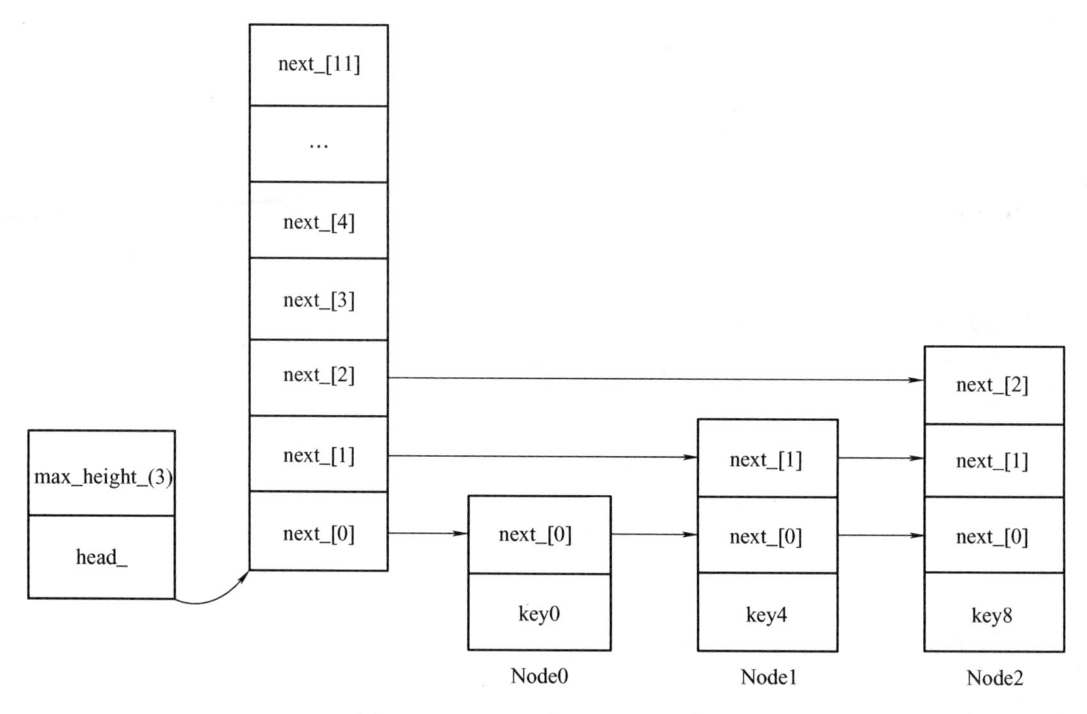

图 7-3　LevelDB 中 SkipList 示意图

2）max_height_ 为当前所有节点的最高层级（不包括头节点），图 7-3 所示例子中为 3 层。

3）每个节点的 next_ 数组长度和节点高度一致，next_[0] 为最底层链表指针。

4）Node0、Node1、Node2 为 3 个 SkipList 的节点（Node），保存的键分别为 key0、key4、key8。

以图 7-3 所示为例，下面分别介绍 LevelDB 中 SkipList 的插入和查找过程。

7.2.1　SkipList 插入

观察图 7-3 中所示示例，假设在该 SkipList 中插入一个节点，键为 key3，层高为 4，则插入后的结构如图 7-4 所示。

插入之后 SkipList 的成员变量以及各个节点变化如下。

1）max_height_ 变为 4，因为新插入的节点层高为 4。

2）图 7-4 所示虚线箭头处为需要更新的指针，实线箭头为不需要更新的指针。

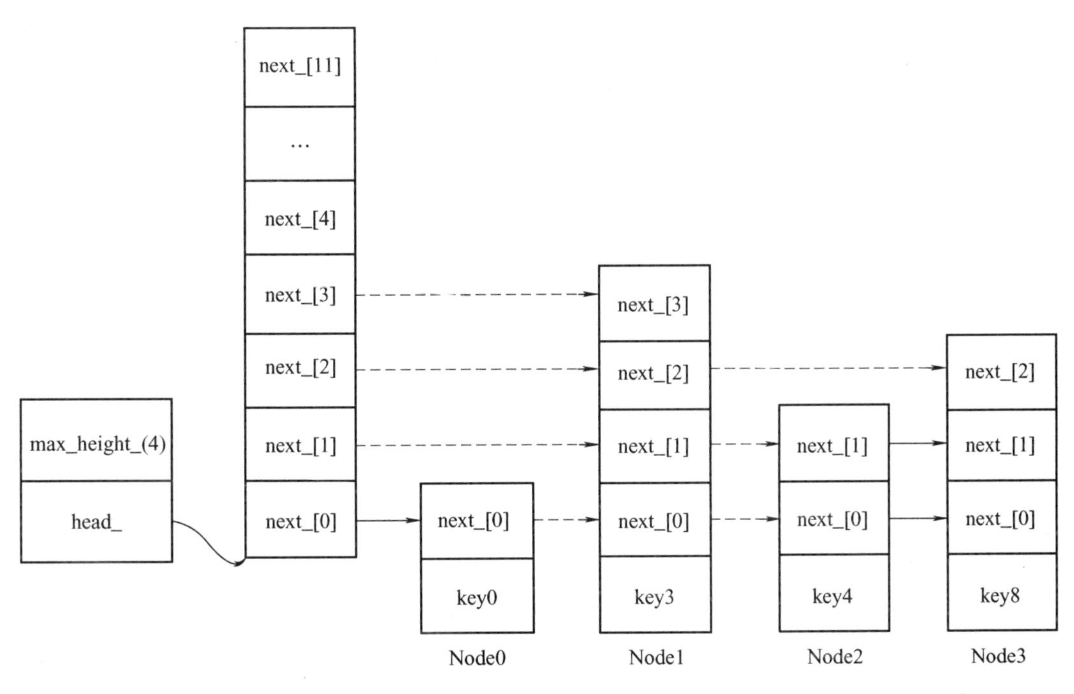

图 7-4 SkipList 插入一个节点

3）插入过程：首先查找 key3 需要放置的位置，从高层级到低层级依次查找，此时需要一个额外的数组变量记录每一层级查找到的位置，最后将需要更新的节点指针依次更新即可。注意，如果新插入节点的高度大于当前的最大高度，则需要将头节点中高出当前最大高度的指针指向新插入节点。在图 7-4 所示情况中，将头节点中的 next_[3] 指向新插入的节点。

在 LevelDB 中，每次插入节点的层高由 db/skiplist.h 中的 RandomHeight() 函数决定，该函数代码如下：

```
int RandomHeight(){
    ...
    static const unsigned int kBranching = 4;
    //初始层高为1
    int height = 1;
    //kMaxHeight：最大层高12。通过概率确定是否需要增加层高
    while (height < kMaxHeight && ((rnd_.Next() % kBranching) == 0)) {
        height++;
    }
    return height
```

```
}
```

上述代码中 rnd_.Next() 函数的作用是生成一个随机数，将该随机数对 4 取余，如果余数等于 0 并且层高小于规定的最大层高 12，则将层高加 1。因为对 4 取余数结果只有 0、1、2、3 这 4 种可能，因此可以推导得出每个节点层高为 1 的概率是 3/4，层高为 2 的概率是 1/4。依此类推，层高为 3 的概率是 3 /16（1/4 × 3/4），层高为 4 的概率是 3/64（1/4 × 1/4 × 3/4），即层级越高，概率越小。

下面接着继续介绍 SkipList 的查找过程。

7.2.2 SkipList 查找

SkipList 的查找实际是通过迭代器遍历完成的，本节首先通过一个例子观察查找过程，然后具体介绍迭代器中的相关函数。

观察图 7-3 中所示的示例，假设需要查找 key4。

先从头节点中指向非 NULL 的最高层级（即 next_[2]）开始查找，查找到 Node2 保存的值为 key8，大于 key4，因此降一个层级，从头节点的 next_[1] 指针开始查找，查找到 Node1，Node1 中值为 key4，查找结束。

7.1.2 节介绍的 MemTable 的查找方法就是通过调用 SkipList 的迭代器实现的，下面先来看 SkipList 迭代器中的 Seek 方法。

```
void Seek(const Key& target) {
  //通过调用FindGreaterOrEqual方法查找目标键
  node_ = list_->FindGreaterOrEqual(target, nullptr);
}
Node* FindGreaterOrEqual(const Key& key,Node** prev) const {
  //从头节点的最高层开始查找
  Node* x = head_;
  int level = GetMaxHeight() - 1;
  while (true) {
    Node* next = x->Next(level);
    //如果节点中的值小于要查找的值，则继续通过该层链表查找下一个节点
    if (KeyIsAfterNode(key, next)) {
    x = next;
    } else {
    //如果节点中的值大于等于要查找的值，则降低层数，在下一层查找。如果已经查找到最底层，
    //则返回该节点
    if (prev != nullptr) prev[level] = x;
```

```
      if (level == 0) {
        return next;
      } else {
        level--;
      }
    }
  }
}
```

值得注意的是，LevelDB 中的 SkipList 是单向多层有序链表，每个节点中只有后向指针，没有前向指针，因此正向遍历和反向遍历的时间复杂度差别很大。我们通过在迭代器中执行正向遍历的 Next() 方法以及执行反向遍历的 Prev() 方法来具体观察。

Next() 方法定义如下：

```
inline void Next() {
  assert(Valid());
  node_ = node_->Next(0);
}
```

Next() 方法直接通过节点的指针查找下一个节点即可，复杂度为 $O(1)$。

Prev() 方法定义如下：

```
inline void Prev() {
  node_ = list_->FindLessThan(node_->key);
  if (node_ == list_->head_) {
    node_ = nullptr;
  }
}
```

Prev() 方法需要在链表中查找小于当前节点值的第一个节点，即 FindLessThan 函数，该函数逻辑类似 FindGreaterOrEqual，需要从头节点最高层级开始查找，复杂度为 $O(\log n)$。

通过上文的介绍，我们看到 SkipList 每一层都是一个单向链表，通过指针只能从前往后正向遍历，并且头节点中只有 head_ 指针而没有 tail_ 指针。由 3.5.1 节可知，其中的 Prev() 方法只能查找小于当前值的节点，而 SeekToLast() 则能从最高层级向下逐级查找，当降到最低层级并且 next_[0] 指向空指针时，表明已经查找到最后一个节点。这两个迭代器方法都要通过一次查找而非直接通过指针获取来实现。因此 LevelDB 中 SkipList 正向遍历的 Next() 会明显优于反向遍历的 Prev()，查找头节点的 SeekToFirst() 会优于查找尾节点的 SeekToLast()，这一点在使用过程中要注意。

至此，SkipList 的插入和查找流程介绍完毕，接着我们继续介绍如何通过 SkipList 的遍历迭代器将一个 MemTable 生成为一个 SSTable。

7.3 MemTable 生成 SSTable

在 LSM 树的实现中，会先将数据写入内存，当内存表大于某个阈值时，需要将其作为 SSTable 写入磁盘（参考 4.3 节）。在 LevelDB 中，当 MemTable 大小超出配置值之后，需要将 MemTable 生成一个 SSTable。详见 db/db_impl.cc 中的 WriteLevel0Table，该方法代码如下：

```
Status DBImpl::WriteLevel0Table(MemTable* mem, VersionEdit* edit,
                Version* base) {
    ...
    //生成一个MemTable的迭代器，实际调用的是底层SkipList的迭代器
    Iterator* iter = mem->NewIterator();
    ...
    Status s;
    {
      mutex_.Unlock();
      //将MemTable迭代器作为参数传入，调用BuildTable函数生成一个SSTable
      s = BuildTable(dbname_, env_, options_, table_cache_, iter, &meta);
      mutex_.Lock();
    }
    ...
    return s;
}
```

以上代码逻辑为首先生成一个 MemTable 的迭代器，然后调用 BuildTable 生成一个 SSTable，最后给新生成的 SSTable 选择一个层级（Level）。继续看 BuildTable 方法，该方法位于 db/builder.cc 文件，代码如下：

```
Status BuildTable(const std::string& dbname, Env* env, const Options&
options, TableCache* table_cache, Iterator* iter,FileMetaData* meta) {
    ...
    //迭代器移动到第一个节点
    iter->SeekToFirst();
    //生成一个SSTable文件名
```

```
    std::string fname = TableFileName(dbname, meta->number);
    if (iter->Valid()) {
      WritableFile* file;
      s = env->NewWritableFile(fname, &file);
      ...
      //生成一个TableBuilder
      TableBuilder* builder = new TableBuilder(options, file);
      //调用迭代器，依次将每个键-值对加入TableBuilder
      for (; iter->Valid(); iter->Next()) {
        Slice key = iter->key();
        builder->Add(key, iter->value());
      }
      //调用TableBuilder的Finish函数生成SSTable文件
      s = builder->Finish();
      ...
      //将文件刷新到磁盘
      if (s.ok()) {
        s = file->Sync();
      }
      //关闭文件
      if (s.ok()) {
        s = file->Close();
      }
    ...
}
```

以上代码的核心逻辑为 MemTable 迭代器从第一个节点开始，将所有键－值对依次调用 Add 函数加入 TableBuilder，最后调用 TableBuilder 的 Finish 函数生成 SSTable，最后将文件刷新到磁盘。TableBuilder 的详细介绍参考 8.2 节。

如果 WriteLevel0Table 成功执行，则说明该 MemTable 已经成功生成为 SSTable 并且刷新到磁盘，此时会继续调用 RemoveObsoleteFiles 方法，该方法会删除冗余的日志文件以及其他不需要的 SSTable，具体哪些文件可以删除则涉及 LevelDB 的 Version（版本）以及 Compaction 相关概念，我们将在第 9 章具体介绍。

7.4 小结

本章依次介绍了 MemTable 的插入和查找以及底层实际数据结构 SkipList

的插入和查找过程。接着介绍了 LevelDB 中当 MemTable 数据超过一定阈值后如何将其生成为一个磁盘文件 SSTable，这也是 LSM 树中需要实现的一个功能。

下一章将介绍 SSTable 的结构、读取和写入流程以及为加速 SSTable 的读取而使用的布隆过滤器结构。

第8章 Chapter 8

SSTable模块

SSTable（Sorted Strings Table，有序字符串表），在各种存储引擎中得到了广泛的使用，包括LevelDB、HBase、Cassandra等。SSTable会根据键进行排序后保存一系列的键-值对，这种方式不仅方便进行范围查找，而且便于对键-值对进行更加有效的压缩。同时，当需要合并几个SSTable文件时，使用归并排序算法比较每个文件的第一个键，将最小的键复制到输出文件，重复该过程即可产生一个按键排序的新SSTable（该过程在LevelDB中称为Compaction）。

如果在LevelDB中查找某个不存在的键，必须先检查内存表MemTable，然后逐层查找，为了优化这种读取，LevelDB中会使用布隆过滤器。当布隆过滤器判定键不存在时，可以直接返回，无须继续查找。

SSTable中不仅包括键-值对数据，还包括布隆过滤器数据。

本章首先介绍SSTable的文件结构，然后介绍LevelDB中如何生成一个SSTable，其中既会涉及键-值对的写入，也会涉及布隆过滤器的生成和写入。接着介绍SSTable读取时的内存管理机制——LRU Cache管理。

8.1 SSTable文件格式

SSTable文件由一个个块组成，块中可以保存数据、数据索引、元数据或者元数据索引。本节首先介绍 SSTable 的文件格式，然后依次介绍各种类型的数据如何保存。

8.1.1 SSTable 的组成

SSTable 整体的文件格式，如图 8-1 所示。

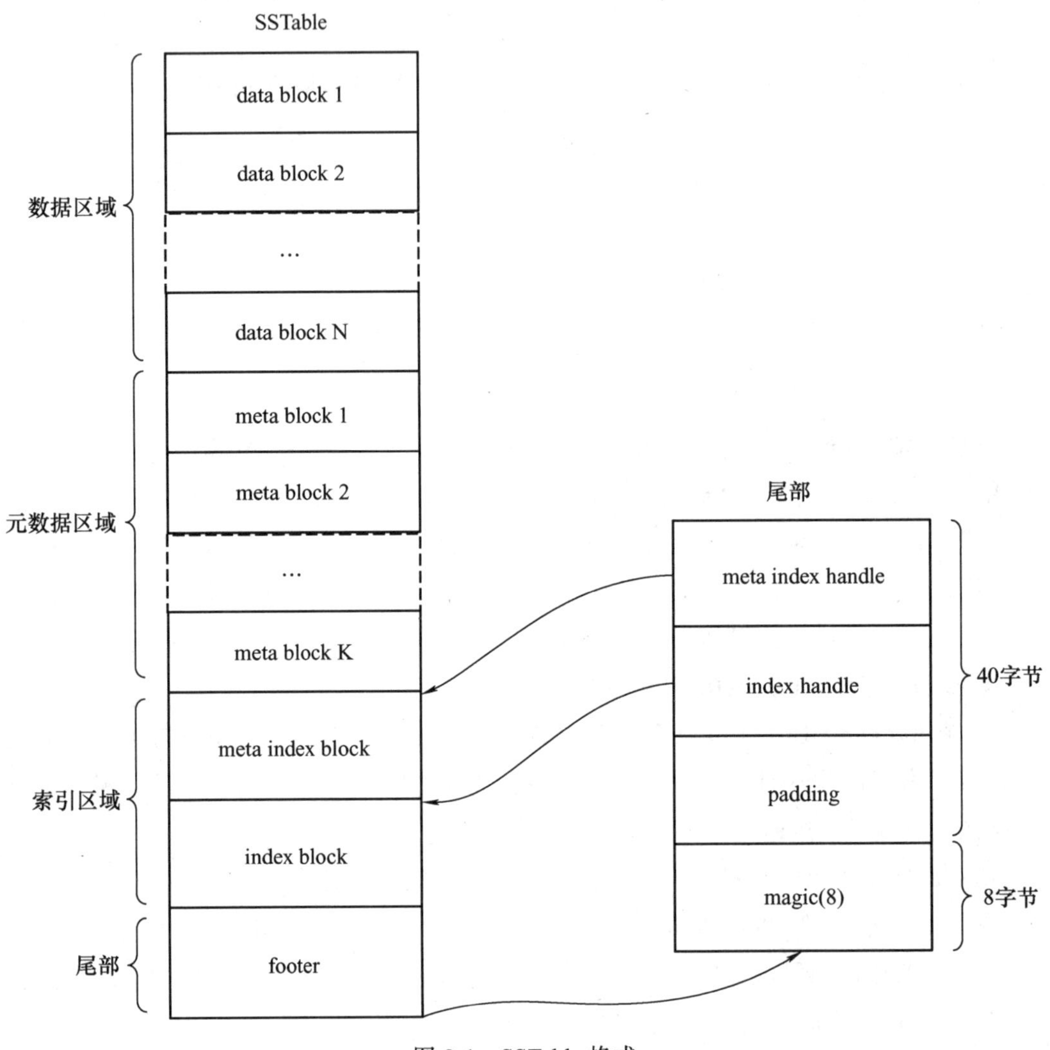

图 8-1 SSTable 格式

SSTable 文件整体分为 4 个部分：数据区域（保存具体的键 – 值对数据），元数据区域（保存元数据，例如布隆过滤器），索引区域（分为数据索引和元数据索引），尾部（总大小为 48 个字节）。读取一个 SSTable 时需要从尾部开始读取，过程如下。

1）从文件结尾开始向前偏移 48 个字节，为整个尾部。

2）其中最后 8 个字节为魔数（magic number），固定为 0xdb4775248b80fb57。通过魔数比对，可以判断一个文件是否为 SSTable 文件。

3）其余 40 字节分为三部分，前两部分是两个 BlockHandle，BlockHandle 结构中主要包括两个变量，一个是偏移量，另一个是大小。通过这两个 BlockHandle 可以分别定位数据索引区域（index block）以及元数据索引区域（meta index block）。因为 BlockHandle 的成员变量使用可变长度编码，每个 BlockHandle 最多占用 20 字节，如果前两部分不足 40 字节，则需要填充为 40 字节。

4）偏移量和大小在 LevelDB 中都是保存为变长的 64 位整型，所以当前两个 BlockHandle 结构不能占满 40 个字节时，需要一些 padding 结构补足。

BlockHandle 在 SSTable 中是经常使用的一个结构，其定义如下：

```
class BlockHandle {
 public://公共方法包括偏移量和大小的设置与取出，以及BlockHandle的编解码
 ...

 private:
  uint64_t offset_;//偏移量，编码为可变长度的64位整型，最多占用10个字节
  uint64_t size_;//大小，编码为可变长度的64位整型，最多占用10个字节
};
```

BlockHandle 只需要关注其中的两个成员变量 offset_ 和 size_，分别表示数据在 SSTable 中的偏移位置以及大小，通过 BlockHandle 可以指定一块数据区域。offset_ 和 size_ 会分别编码为可变长度的 64 位整型，因此每个 BlockHandle 最多占用 20 字节。

通过读取尾部，可以定位到数据索引区域以及元数据索引区域，读取索引区域后可以继续定位到具体的数据。

数据索引区域、数据区域以及元数据索引区域在 SSTable 中都按块格式保存，接着我们介绍块的格式，然后详细介绍数据索引和数据区域以及元数据索引和元数据区域的保存格式。

8.1.2　块格式

SSTable 中一个块默认大小为 4KB。块的格式如图 8-2 所示。

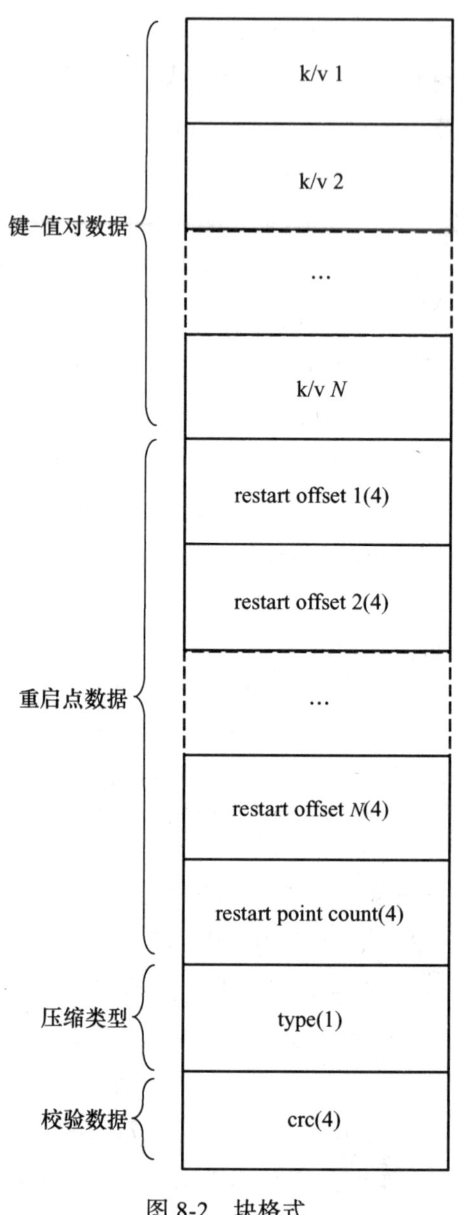

图 8-2 块格式

一个块由 4 部分组成。

1）键 – 值对数据：即我们保存到 LevelDB 中的多组键 – 值对。

2）重启点数据：最后 4 字节为重启点的个数，前边部分为多个重启点，每个重启点实际保存的是偏移量。并且每个重启点固定占据 4 字节的空间。重启点的概念在后文详细描述。

3）压缩类型：在 LevelDB 的 SSTable 中有两种压缩类型，如下：

```
enum CompressionType {
  kNoCompression = 0x0,//不压缩
  kSnappyCompression = 0x1//Snappy压缩
};
```

压缩类型表明数据存储到文件时是否进行了压缩，kNoCompression 表明没有压缩，kSnappyCompression 表明进行了 Snappy 压缩。

4）校验数据：4 字节的 CRC 校验字段。

继续观察块的第一部分，即键 – 值对数据的存储格式。因为 LevelDB 中不论是 MemTable 还是 SSTable，存储键 – 值对时都是有序的，所以必然会有很多键具有相同的前缀，为了去掉这部分冗余空间，LevelDB 设计了如图 8-3 所示的存储格式。

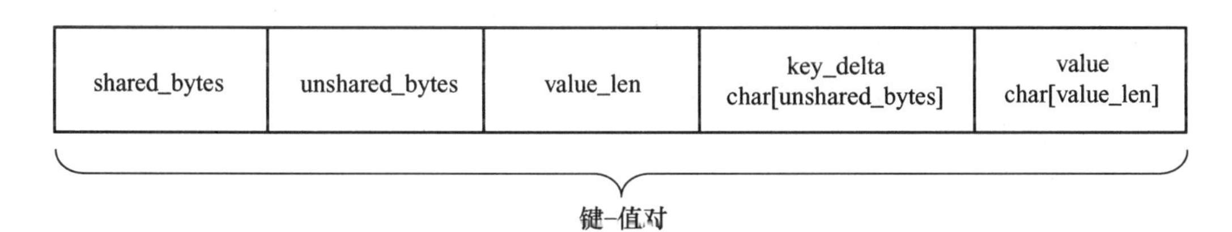

图 8-3　块中键 – 值对的存储

图 8-3 中键 – 值对格式由 5 部分组成，各部分详细解释如下。

1）共享字节长度（shared_bytes）：本次加入的键与之前键的共同前缀，即共享字节；

2）非共享字节长度（unshared_bytes）：本次加入的键与之前键的非共同前缀部分，即非共享字节；

3）值的长度（value_len）：键 – 值对中的值数据长度；

4）键的非共享部分数据（key_delta）：键的非共享部分数据；

5）值（value）：值数据。

前三部分在 LevelDB 中都保存为可变长度的整型数据。读取一个键 – 值对时，首先读取前三部分的长度，然后根据长度即可知道后两部分需要读取的大小。

我们通过一个例子来具体说明，假设第一组键 – 值对，键为 k:db:redis，值为 redis。则该键 – 值对存储格式的 5 部分如图 8-4 所示。

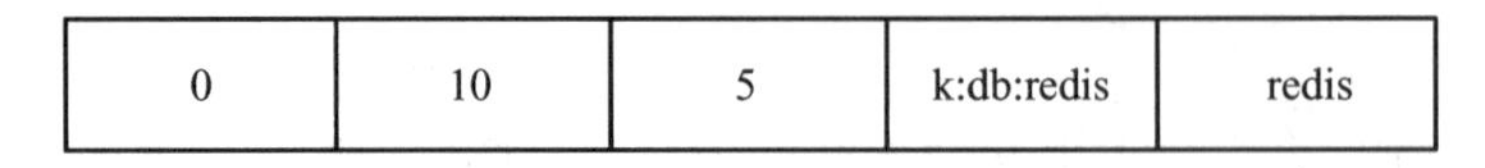

图 8-4 第一组键 – 值对存储格式

因为该键 – 值对为第一组键 – 值对，因此共享部分长度为 0 字节，非共享部分长度为键的长度 10（k:db:redis），值的长度为 5（redis），剩余两部分保存该键 – 值对。

然后插入另一组键 – 值对，键为 k:db:leveldb，值为 leveldb。此时存储格式如图 8-5 所示。

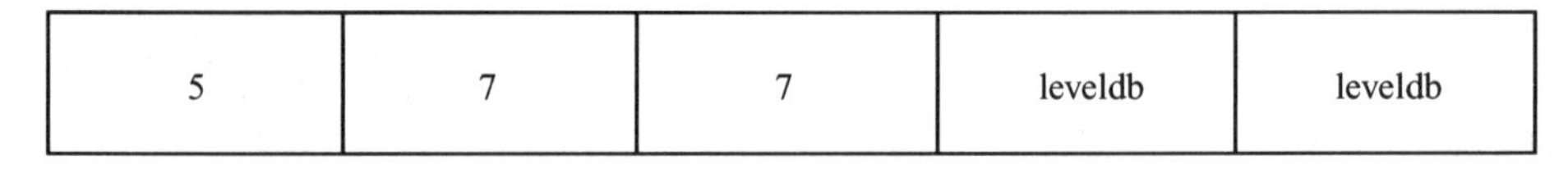

图 8-5 第二组键 – 值对存储格式

此时因为有共同前缀（k:db:）。因此共享部分长度为 5，非共享部分长度为 7（k:db:leveldb 键与 k:db:redis 去除共同前缀 k:db: 后剩余 leveldb），值的长度为 7（leveldb），接着保存键的非共享部分和值。

当我们需要读取第二组键 – 值对时，通过这个格式能够读取到值数据以及键数据非共享的部分，而要读取到完整的键数据则需要依次向前读取，直到找到第一组完整的键 – 值对数据（即共享部分长度为 0 的键 – 值对）。

因此为了标记第一组完整键 – 值对所处的位置，LevelDB 引入了一个重启点的概念。参考图 8-2，每一个重启点指向一个偏移量，该偏移量指向的就是第一组完整键 – 值对数据开始的位置。

读取一个块时，首先读取尾部 5 字节，依次为 1 字节的压缩类型和 4 字节的校验字段，压缩类型决定读取到数据时需要如何解压，校验字段可以校验数据完整性。然后向上偏移 4 字节读取重启点个数，知道重启点个数之后就可以读取到所有的重启点数据。因为每个重启点固定占据 4 字节空间，假设重启点个数为 100，则继续向上读取 400 个字节即可。

因为数据是有序保存的，所以读取到所有重启点数据之后就可以通过重启点的二分查找开始读取键 – 值对数据。

上文介绍了如何读取一个块的过程，而一个 SSTable 由多个块组成，实际读取时需要首先确定一个键可能位于哪个块，然后才会涉及具体块的读取。一个块中键的范围可以通过数据索引区域得到，接下来我们继续观察数据索引区域。

8.1.3 数据索引区域

数据索引区域由一个块组成，保存格式如图 8-2 所示。那么数据索引块中具体的键 – 值对数据是什么呢？

实际上数据索引块中的键为前一个数据块的最后一个键（即一个数据块中最大的键，因为键是有序排列保存的）与后一个数据块的第一个键（即一个数据块中的最小键）的最短分隔符。例如，假设前一个数据块中最大键为 abceg，后一个数据块中最小键为 abcqddh，则二者之间的最小分隔符为 abcf，具体代码参考 util/comparator.cc 中的 FindShortestSeparator 函数，使用这种方法能够减小数据索引块的空间占用。数据索引块中的值为 BlockHandle，该 BlockHandle 指定一个数据块在 SSTable 中的偏移量和大小，据此可以获取到一个数据块的内容。

接着我们介绍数据区域。

8.1.4 数据区域

数据区域由多个块组成，每个块保存键 – 值对数据。块格式以及如何读取一个块上文已经介绍。需要注意的是与块有关的两个参数，如下。

```
size_t block_size = 4 * 1024;
int block_restart_interval = 16;
```

block_size 指明每个块的大小，默认为 4KB，block_restart_interval 表明保存多少个键 – 值对之后需要开启一个新的重启点，默认值为 16，即每当保存 16 个键 – 值对后需要一个新的重启点。重启点过多会导致存储效率过低，即需要占用更多的空间，重启点过少则会导致读取效率过低。

下面接着介绍元数据索引区域。

8.1.5 元数据索引区域

LevelDB 为加速查找，将布隆过滤器数据保存到元数据中，元数据索引块可指示如何查找该布隆过滤器的数据。

元数据索引也是保存为图 8-2 所示的格式，其中保存的键名称为 filter.leveldb.BuiltinBloomFilter2，值同样为一个 BlockHandle，BlockHandle 中偏移量为元数据块在整个 SSTable 中的偏移，大小为元数据块的大小。通过该 BlockHandle 可以获取到元数据块（即布隆过滤器）的内容。

8.1.6 元数据区域

元数据区域保存 LevelDB 中的布隆过滤器数据，元数据保存格式和图 8-2 的块格式略有不同，如图 8-6 所示。

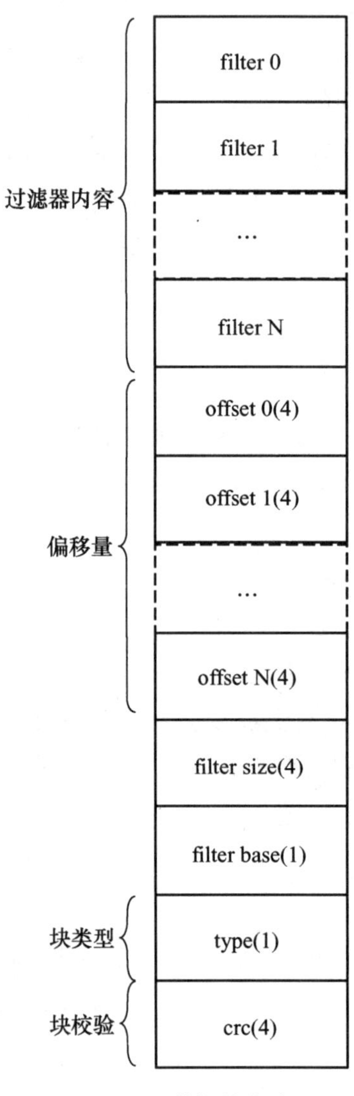

图 8-6 元数据块格式

元数据块主要分为 4 个部分。

1）过滤器内容部分：SSTable 中，每 2KB 键 - 值对数据会生成一个过滤器，过滤器的内容保存在 filter 部分。

2）过滤器偏移量：与过滤器内容部分一一对应，根据偏移量能够找到每一块的过滤器内容。如果将过滤器内容视为一个大数组，则过滤器偏移量可以视为数组索引。

3）过滤器内容大小与过滤器基数：前者代表过滤器内容总的大小，后者在 LevelDB 中为一个常量 11（2 的 11 次幂为 2KB，因此 11 代表每 2KB 数据生成一个过滤器）。

4）块类型与块校验：在布隆过滤器的场景下，块类型 type 为 kNoCompression，即不压缩。块校验为 4 字节的 CRC 校验。

通过元数据索引块和元数据块的介绍，能够推导出如何读取一个元数据（在 LevelDB 中默认为布隆过滤器数据）。

首先通过尾部指定的 BlockHandle 读取元数据索引区域，然后从元数据索引中查找键 filter.leveldb.BuiltinBloomFilter2，该键的值为一个 BlockHandle，该值指定了元数据在 SSTable 中的偏移量和大小，接着通过该 BlockHandle 从 SSTable 中读取到元数据的内容，通过元数据内容中过滤器总大小能够知道过滤器偏移量开始的位置（元数据内容的开始位置加过滤器总大小即为偏移量开始的位置）。因为每个过滤器偏移量固定占据 4 个字节的大小，因此也能够计算得出过滤器偏移量的总个数。

在 SSTable 中读取到一个数据块后，通过该数据块的偏移量以及过滤器基数，即可寻找到相应的过滤器内容并进行过滤判断。

我们通过一个具体的例子来进行说明。

假设通过元数据索引块查找布隆过滤器的键 filter.leveldb.BuiltinBloomFilter2，找到元数据块的偏移量为 10000 字节，大小为 1000 字节。因此先从一个 SSTable 中的偏移量 10000 开始读取 1000 字节即为过滤器的数据。过滤器数据结构如图 8-6 所示。注意，此处不包括 type 和 crc，返回给上层的块数据会去除掉这 5 个字节。

之后读取到过滤器大小（4 字节）和过滤器基数（1 字节，值固定为 11），假设过滤器大小指明过滤器内容部分大小为 795，则过滤器偏移量部分总的大小为 200

（1000−795−4（过滤器大小）−1（过滤器基数）），过滤器偏移量的个数为 50（每个 4 字节，共 200 字节）。

读取一个数据块时，如果该数据块在 SSTable 中的偏移量为 2500，因为每 2 KB 的数据生成一个过滤器，因此 2500 除以 2048（2 的 11 次幂）为 1，则通过第一个过滤器偏移量获取相应的过滤器数据进行查找、过滤即可。

至此，我们介绍完 SSTable 文件格式及其每部分的详细保存格式，接着我们通过代码看看如何进行块以及 SSTable 的生成与读取。

8.2 SSTable 的读写流程

通过 8.1 节的学习，可以看到 SSTable 中除了元数据保存格式略有不同之外，其余数据都是按图 8-2 的块格式保存，因此本节首先介绍如何生成并且读取一个块，然后继续介绍如何生成并且读取 SSTable。

8.2.1 生成块

本节介绍 LevelDB 中如何生成一个块的代码，参考 table/block_builder.h 和 table/block_builder.cc 文件中的 BlockBuilder 类。首先看看该类的成员变量：

```
const Options* options_;
std::string buffer_;
std::vector<uint32_t> restarts_;
int counter_;
bool finished_;
std::string last_key_;
```

各个成员变量的作用分别介绍如下。

1）options_：在 BlockBuilder 类构造函数中传入，表示一些配置选项。

2）buffer_：块的内容，所有的键 - 值对都保存到 buffer_ 中，保存格式参考图 8-3。

3）restarts_：每次开启新的重启点后，会将当前 buffer_ 的数据长度保存到 restarts_ 中，当前 buffer_ 中的数据长度即为每个重启点的偏移量。

4）counter_：开启新的重启点之后加入的键 - 值对，默认保存 16 个键 - 值对，之后会开启一个新的重启点。

5）finished_：指明是否已经调用了 Finish 方法，BlockBuilder 中的 Add 方法会将数据保存到各个成员变量中，而 Finish 方法会依据成员变量的值生成一个块。Add 方法和 Finish 方法下文详细介绍。

6）last_key_：上一个保存的键，当加入新键时，用来计算和上一个键的共同前缀部分。

BlockBuilder 类的构造函数如下：

```
BlockBuilder::BlockBuilder(const Options* options)
    : options_(options), restarts_(), counter_(0), finished_(false) {
  assert(options->block_restart_interval >= 1);
  restarts_.push_back(0);  // 第1个重启点在偏移量0处
}
```

构造一个 BlockBuilder 实例时需要传入一个 options 参数，并且赋值给 options_ 成员变量，将成员变量 counter_ 初始化为 0，finished_ 初始化为 false，restarts_ 中的第一个元素置为 0（即第一个重启点的偏移量为 0）。

当需要保存一个键 - 值对时，需要调用 BlockBuilder 类中的 Add 方法，该方法代码如下。

```
void BlockBuilder::Add(const Slice& key, const Slice& value) {
 //last_key_保存上一个加入的键
 Slice last_key_piece(last_key_);
  ...
  //shared用来保存本次加入的键和上一个加入的键的共同前缀长度
  size_t shared = 0;
  //查看当前已经插入的键-值对数量是否已经超出16
  if (counter_ < options_->block_restart_interval) {
    const size_t min_length = std::min(last_key_piece.size(), key.size());
    //计算共同前缀的长度
    while ((shared < min_length) && (last_key_piece[shared] ==
            key[shared])) {
      shared++;
    }
  } else {
    // 如果键-值对数量已经超出16，则开启新的重启点
    restarts_.push_back(buffer_.size());
    counter_ = 0;
  }
  //non_shared为键的长度减去共同前缀的长度，即非共享部分的键长度
  const size_t non_shared = key.size() - shared;
  // 将共同前缀长度、非共享部分长度、值长度分别写入buffer_
```

```
    PutVarint32(&buffer_, shared);
    PutVarint32(&buffer_, non_shared);
    PutVarint32(&buffer_, value.size());
    //将键的非共享部分数据追加到buffer_中
    buffer_.append(key.data() + shared, non_shared);
    //将值数据追加到buffer_中
    buffer_.append(value.data(), value.size());
    // 更新last_key_为当前写入的键
    last_key_.resize(shared);
    last_key_.append(key.data() + shared, non_shared);
    //将当前buffer_中写入键-值对的数量加1
    counter_++;
}
```

Add 方法的代码逻辑如下。

1）比较 counter_ 和 options_->block_restart_interval（默认配置为 16），即新的重启点开始后的键 - 值对是否已经超出 16，如果已经超出，则需要开启新的重启点，此时将 counter_ 置为 0，并将 buffer_ 中数据长度的值（该值即每个重启点的偏移量）压到 restarts_ 数组中。

2）如果 counter_ 未超出配置的每个重启点可以保存的键 - 值对数值，则计算当前键和上一次保存键的共同前缀，然后将键 - 值对按图 8-3 所示格式保存到 buffer_ 中。

3）将 last_key_ 置为当前保存的 key，并且将 counter_ 加 1。

可以看到，Add 方法只操作 BlockBuilder 中的成员变量，当实际生成一个 Block 时则需要调用 BlockBuilder 的 Finish 方法，该方法代码如下。

```
Slice BlockBuilder::Finish() {
  // 将重启点偏移量写入buffer_
  for (size_t i = 0; i < restarts_.size(); i++) {
    PutFixed32(&buffer_, restarts_[i]);
  }
  //将重启点的个数追加到buffer_中
  PutFixed32(&buffer_, restarts_.size());
  //将finished_成员变量置为true
  finished_ = true;
  //返回生成的Block
  return Slice(buffer_);
}
```

Add 方法会将所有的键 - 值对按图 8-3 所示格式保存到成员变量 buffer_ 中，

Finish方法首先将所有重启点偏移量的值依次以4字节大小追加到buffer_字符串，最后将重启点个数继续以4字节大小追加到buffer_后部，此时的buffer_就是一个完整的数据块。

知道了如何生成一个块，我们接着看如何读取一个块。

8.2.2　读取块

读取一个块并且在该块中查找一个键需要通过在Block类中生成一个迭代器来实现，Block类的定义参考table/block.h和table/block.cc文件。

读取一个块时需要调用Block类的NewIterator方法生成一个迭代器，该方法关键代码如下：

```
Iterator* Block::NewIterator(const Comparator* comparator) {
    ...
    //实际生成的是一个Iter实例
    return new Iter(comparator, data_, restart_offset_, num_restarts);
}
```

NewIterator方法实际是生成了一个Iter实例，生成Iter实例时需要传入一个比较器comparator，存储块内容的变量data_，存储重启点开始位置的变量restart_offset_以及重启点个数num_restarts。

Iter类的Seek方法代码如下：

```
void Seek(const Slice& target) override {
  uint32_t left = 0;
  //num_restarts_为重启点个数
  uint32_t right = num_restarts_ - 1;
  //通过重启点进行二分查找
  while (left < right) {
    uint32_t mid = (left + right + 1) / 2;
    //GetRestartPoint查找到mid这个重启点的值。参考8.1.2节，该值即为重启点在块中的
    //偏移量(即region_offset表示mid这个重启点在块中的偏移量)
    uint32_t region_offset = GetRestartPoint(mid);
    uint32_t shared, non_shared, value_length;
    //data_为块的内容，region_offset为重启点在块中的偏移量，DecodeEntry函数在该
    //重启点数据中读取第一组键-值对，shared表示键共享部分长度，non_shared表示键非
    //共享部分长度，value_length表示值的长度。返回值key_ptr指向了键的非共享部分
    const char* key_ptr =DecodeEntry(data_ + region_offset, data_ +
restarts_, &shared, &non_shared, &value_length);
    //重启点开始位置的键共享部分长度肯定为0，即shared=0
```

```
    if (key_ptr == nullptr || (shared != 0)) {
      CorruptionError();
      return;
    }
    // mid_key即mid这个重启点指向键-值对的第一个键，因为shared肯定为0，所以将non_
    //shared长度的部分赋值给mid_key即可
    Slice mid_key(key_ptr, non_shared);
    // 如果键小于查找值，则将left置为mid
    if (Compare(mid_key, target) < 0) {
      left = mid;
    } else {
      //如果键大于等于查找值，则将right置为mid-1
      right = mid - 1;
    }
  }
  //在块中线性查找，ParseNextKey会依次遍历每一个键值，然后将键和目标键target比较，
  //直到找到大于等于target的第一个键
  SeekToRestartPoint(left);
  while (true) {
    if (!ParseNextKey()) {
      return;
  }
    if(Compare(key_, target) >= 0) {
      return;
    }
  }
}
```

查找逻辑为首先通过重启点数组二分查找，直到找到一个重启点，该重启点定位到的数据内容中有可能包含待查找的键。接着在该数据内容中遍历查找，直到找到第一个大于等于待查找键的位置，并将该位置的键 - 值对数据分别放到 Iter 类的成员变量 key_ 和 value_ 中。迭代器中其他代码不再赘述，读者可自行查看。接着我们介绍如何生成一个 SSTable 文件。

8.2.3 生成 SSTable

本节将介绍如何生成一个完整的 SSTable 文件，生成 SSTable 的相关代码位于 include/leveldb/table_builder.h 和 table/table_builder.cc 两个文件，代码中重点关注 TableBuilder 类，为了了解该类，需要先查看 TableBuilder 类中的结构体 Rep，具体如下。

```
struct TableBuilder::Rep {
  ...
  WritableFile* file;          //SSTable生成后的文件
  BlockBuilder data_block;   //生成SSTable中的数据区域
  BlockBuilder index_block;  //生成SSTable中的数据索引区域
  FilterBlockBuilder* filter_block;//生成SSTable中的元数据区域
  bool pending_index_entry;//判断是否需要生成SSTable中的数据索引，SSTable中每次
                           //生成一个完整的块之后，需要将该值置为true，说明需要为
                           //该块添加索引
  BlockHandle pending_handle;//pending_handle记录需要生成数据索引的数据块在
                             //SSTable中的偏移量和大小
  ...
}
```

Rep结构体中关键变量分别解释如下。

1）file：代表SSTable生成的文件。

2）data_block、index_block：可以看到都是BlockBuilder类（参考8.2.1节），分别用来生成SSTable中的数据区域和数据索引区域。

3）filter_block：是一个FilterBlockBuilder类（参考8.3.2节），顾名思义，用来生成SSTable中的元数据区域。元数据的保存格式与数据块不同，因此需要一个专门的生成类。

4）pending_index_entry，pending_handle：这两个变量用来决定是否需要写数据索引。SSTable中每次完整写入一个块后需要生成该块的索引，索引中的键是当前块最大键与即将插入的键的最短分隔符，例如一个块中最大键为abceg，即将插入的键为abcqddh，则二者之间的最小分隔符为abcf。索引中的值保存到pending_handle变量中，该变量类型为BlockHandle，指定数据块在SSTable中的偏移量以及大小。

了解TableBuilder中的Rep结构后，继续查看TableBuilder类生成一个SSTable的过程中需要调用的Add方法和Finish方法。先看Add方法，代码如下：

```
void TableBuilder::Add(const Slice& key, const Slice& value) {
  //r赋值为TableBuilder中Rep类型成员
  Rep* r = rep_;
  ...
  //判断是否需要增加数据索引。当完整生成一个块之后，需要写入数据索引
  if (r->pending_index_entry) {
    //查找该块中的最大键与即将插入键（即下一个块的最小键）之间的最短分隔符
    r->options.comparator->FindShortestSeparator(&r->last_key, key);
    std::string handle_encoding;
```

```
    //将该块的BlockHandle编码，即将偏移量和大小分别编码为可变长度的64位整型
    r->pending_handle.EncodeTo(&handle_encoding);
    //在数据索引中写入键和该块的BlockHandle，BlockHandle结构包括块的偏移量以及块大小
    r->index_block.Add(r->last_key, Slice(handle_encoding));
    //将pending_index_entry置为false，等待下一次生成一个完整的Block并将该值再次置
    //为true
    r->pending_index_entry = false;
  }
  //在元数据块中增加该key
  if (r->filter_block != nullptr) {
    r->filter_block->AddKey(key);
  }
  //将last_key赋值即将插入的键
  r->last_key.assign(key.data(), key.size());
  r->num_entries++;
  //在数据块中增加该键-值对
  r->data_block.Add(key, value);
  const size_t estimated_block_size = r->data_block.CurrentSizeEstimate();
  //判断如果当前数据块的大小大于配置的块大小（默认为4KB），则调用Flush函数
  if (estimated_block_size >= r->options.block_size) {
    Flush();
  }
}
```

Add 方法主要就是调用生成数据块与数据索引块的方法 BlockBuilder::Add 以及生成元数据块的方法 FilterBlockBuilder::Add 依次将键－值对加入数据索引块、元数据块以及数据块。

数据索引块的键生成规则为：大于等于上一个块最大的键，小于下一个块最小的键。如果上一个块的最大键为 the quick brown fox，下一个块的最小键为 the who，则数据块索引中的键为 the r，通过这种方法能够减小数据索引的键长度，从而减少数据索引占用空间。

根据数据索引的键生成规则，可以判断出数据索引块的写入时机为：上一个块已经生成完毕，开始写入下一个块的第一个键，此时根据上一个块的最大键和下一个块的最小键来生成数据索引中的键。上述 Add 方法通过布尔值 pending_index_entry 来控制写入时机。Add 方法最后会判断当前数据块的大小是否超过了默认的块大小（4KB），如果大于等于 4KB，则调用 Flush 方法将数据块写入 SSTable 文件并且刷新到磁盘。该方法代码如下：

```
void TableBuilder::Flush() {
```

```
  Rep* r = rep_;
  …
  //写入数据块
  WriteBlock(&r->data_block, &r->pending_handle);
  if (ok()) {
  //将pending_index_entry置为true，表明下一次需要写入数据索引
    r->pending_index_entry = true;
  //将文件刷新到磁盘
    r->status = r->file->Flush();
  }
}
```

调用 WriteBlock 写入上一个数据块之后，将 pending_index_entry 置为 true，则下次调用 Add 方法开始写入一个新的块时，就会生成一个数据索引的键－值对。

至此 TableBuilder 的 Add 方法已经介绍完毕，我们接着介绍 TableBuilder 中的 Finish 方法，该方法代码如下：

```
Status TableBuilder::Finish() {
  Rep* r = rep_;
  // Flush函数会将数据块写入SSTable文件并且刷新到磁盘
  Flush();
  //filter_block_handle为元数据的BlockHandle，metaindex_block_handle为元数据索
  //引的BlockHandle，index_block_handle为数据索引的BlockHandle
  BlockHandle filter_block_handle, metaindex_block_handle, index_block_
handle;
  // 写入元数据块
  if (ok() && r->filter_block != nullptr) {
    WriteRawBlock(r->filter_block->Finish(), kNoCompression,&filter_block_
                  handle);
  }
  // 写入元数据块索引
  if (ok()) {
    BlockBuilder meta_index_block(&r->options);
    if (r->filter_block != nullptr) {
      // 元数据索引块的key为"filter."加上配置的过滤器名称，默认为
      //filter.leveldb.BuiltinBloomFilter2
      std::string key = "filter.";
      key.append(r->options.filter_policy->Name());
      std::string handle_encoding;
      filter_block_handle.EncodeTo(&handle_encoding);
      // 元数据索引块的值也为一个BlockHandle，该BlockHandle包括一个指向元数据块的偏
      //移量以及元数据块的大小
      meta_index_block.Add(key, handle_encoding);
```

```
    }
    WriteBlock(&meta_index_block, &metaindex_block_handle);
  }
  // 写入数据块索引
  if (ok()) {
    ...
    WriteBlock(&r->index_block, &index_block_handle);
  }
  // 写入尾部
  if (ok()) {
    Footer footer;
    //将元数据索引区域的BlockHandle值设置到尾部
    footer.set_metaindex_handle(metaindex_block_handle);
    //将数据索引区域的BlockHandle值设置到尾部
    footer.set_index_handle(index_block_handle);
    std::string footer_encoding;
    footer.EncodeTo(&footer_encoding);
    r->status = r->file->Append(footer_encoding);
    if (r->status.ok()) {
      r->offset += footer_encoding.size();
    }
  }
  return r->status;
}
```

Finish 方法会按照 SSTable 的格式，分别写入数据块、数据块索引、元数据块以及元数据块索引，最后写入尾部。生成一个图 8-1 所示格式的 SSTable。

可以看到，一个完整的 SSTable 通过 TableBuilder 类的 Add 和 Finish 方法，最终调用 BlockBuilder 类与 FilterBlockBuilder 类的 Add 以及 Finish 方法生成。接着我们看如何读取一个 SSTable 文件。

8.2.4 读取 SSTable

SSTable 读取相关的代码文件为 table/table.cc 和 include/leveldb/table.h，我们重点关注 Table 类，读取是通过 Table 类生成一个迭代器来进行。生成迭代器的 NewIterator 方法代码如下：

```
Iterator* Table::NewIterator(const ReadOptions& options) const {
  return NewTwoLevelIterator(
  //第一层迭代器，为一个块迭代器
  rep_->index_block->NewIterator(rep_->options.comparator),
  &Table::BlockReader, //第二层迭代器，也是一个块迭代器
```

```
  const_cast<Table*>(this), options);
}
```

可以看到返回的是一个 TwoLevelIterator 实例（TwoLevelIterator 代码位于 table/two_level_iterator.cc 文件）。双层迭代器（TwoLevelIterator）第一层为数据索引块的迭代器，即 rep_->index_block->NewIterator(rep_->options.comparator)[㊀]。通过第一层的数据索引块迭代器查找一个键应该属于的块，然后通过第二层迭代器去读取这个块并查找该键。第一层的数据索引块迭代器和第二层迭代器 Table::BlockReader 都是类 Block 生成的块迭代器。Table::BlockReader 的代码如下：

```
Iterator* Table::BlockReader(void* arg, const ReadOptions& options,
                             const Slice& index_value) {
  // arg参数为一个Table结构，options为读取时的参数结构，index_value为通过第
  //一层迭代器读取到的值。该值为一个BlockHandle，BlockHandle中的偏移量指向要
  //查找的块在SSTable中的偏移量，BlockHandle中的大小表明要查找的块的大小
  //将arg变量转换为一个Table结构
  Table* table = reinterpret_cast<Table*>(arg);
  ...
  BlockHandle handle;
  Slice input = index_value;
  //将index_value解码到BlockHandle类型的变量handle中
  Status s = handle.DecodeFrom(&input);
  if (s.ok()) {
    //contents中保存一个块的内容
    BlockContents contents;
      ...
      //在SSTable文件中，通过BlockHandle变量handle所指向的偏移量以及大小读
      //取一个块的内容到contents变量
      s = ReadBlock(table->rep_->file, options, handle, &contents);
      if (s.ok()) {
        // 生成一个block结构
        block = new Block(contents);
      }
    }
  }
  Iterator* iter;
  if (block != nullptr) {
    //生成一个block的迭代器,通过该迭代器读取数据
```

㊀ Table 类 rep_ 结构体中的变量 index_block，其类型为 Block，通过调用 Block 类的 NewIterator 方法生成一个块迭代器。

```
    iter = block->NewIterator(table->rep_->options.comparator);
      ...
    }
    return iter;
}
```

即 SSTable 的读取先通过第一层迭代器（即数据索引）获取到一个键需要查找的块位置，读取该块的内容并且构造第二层迭代器遍历该块，通过两层迭代器即可在 SSTable 中进行键的查找。至此，SSTable 的读写流程已经介绍完毕。

生成一个 SSTable 时，因为数据块和元数据块的保存格式不同，因此生成数据块和元数据块时需要分别调用 BlockBuilder 与 FilterBlockBuilder 类的方法。

下一节将先介绍布隆过滤器原理及在 LevelDB 中的实现，接着会具体介绍元数据块在 SSTable 中的保存（FilterBlockBuilder 类）和读取（FilterBlockReader 类）。

8.3 布隆过滤器的实现

布隆过滤器是用来检索一个元素是否在一个集合中存在的数据结构，其特点为可以使用固定大小的内存空间和指定数量的哈希函数来判定元素是否存在。如果布隆过滤器判定一个元素不存在，那么可以得出该元素肯定不存在，但如果布隆过滤器判定一个元素存在，则有一定的误报率。

一般来说，如果集合中元素比较少，可以直接用一个哈希表来实现，查找和插入都是 O（1）的复杂度，并且可以准确判定元素是否存在。但是随着数据量增大，例如搜索引擎需要检索全网的数据，使用哈希表需要的内存空间会同步线性增长，因此需要布隆过滤器这种结构来解决该问题。

布隆过滤器的基本原理为：使用大小为 m bit 的数组作为存储空间，使用 k 个哈希函数进行计算。每次查找一个元素是否存在时，首先通过 k 个哈希函数分别计算该元素的哈希值，然后判断哈希值对应位置的比特数组元素是否为 1。如果有任意一位不为 1，则可以判断该元素不存在。

举例说明，假设 m 为 8、k 为 2，则数组大小为 8bit（即 1 个字节）。初始时该 8bit 均为 0，此时如果插入 leveldb 这个元素，通过两个哈希函数分别进行计算，得到的值分别为 1 和 5。则此时存储情况如图 8-7 所示，数组索引从 0 开始计算。

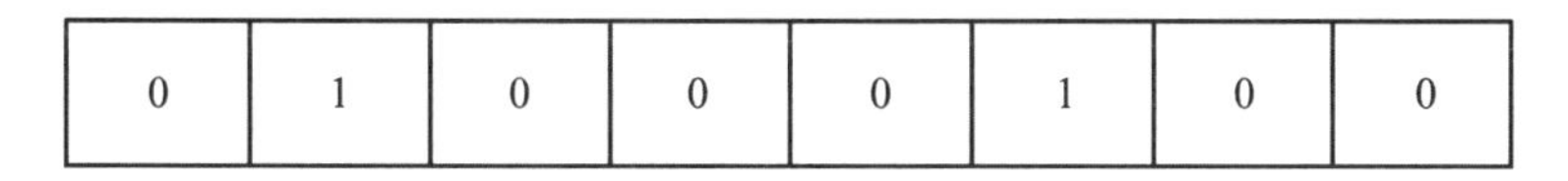

图 8-7　布隆过滤器

继续插入一个元素 redis，假设通过两次哈希计算得到的值分别为 3 和 5。则存储情况如图 8-8 所示。

0	1	0	1	0	1	0	0

图 8-8　布隆过滤器

假设此时查找元素 redis，然后判断数组中的第 3 个和第 5 个 bit 是否为 1，如果不为 1，则证明 redis 这个元素肯定不存在；如果为 1，则证明 redis 这个元素有可能存在，还需要进一步判断或者查找。即布隆过滤器只能判定一个元素一定不存在或者可能存在。那么为什么是可能存在呢？

继续观察该示例，插入 leveldb 和 redis 两个元素时，通过哈希计算都会将第 5 个 bit 置为 1。当插入大量元素时，会有很大概率导致有两个元素经两次哈希计算得到的值完全一致，例如元素 mysql，经两次哈希计算之后值也为 3 和 5，则此时就会出现碰撞的情况。因为有些位有很大概率会碰撞，所以布隆过滤器也是不支持删除元素的，因为删除有可能导致将其他元素的位也清除。

继续通过该例子推导，当插入大量元素时，会将 8 个位全部置为 1，此时误报的概率大大增加，布隆过滤器的查找就失去了意义。

可见，如果存储空间 m 过小，则很快所有的位都会置为 1，那么查询任何值都会返回 true，起不到过滤的作用。同时，如果哈希函数个数 k 越多，布隆过滤器的效率越低。而如果哈希函数太少，则误报率又会增大。那么如何选取 m 和 k 的值呢？

通过公式推导得出，布隆过滤器的存储空间大小 m，哈希函数个数 k 和元素总的个数 n 之间存在如下一个计算公式：

$$k=\frac{m}{n}\ln 2$$

假设空间大小 m 确定，并且元素总个数 n 也能够得出，那么应用该公式可以得出一个误报率最低的 k 值。对公式推理过程感兴趣的读者可以自己查找资料，此处不再叙述。

接着我们观察 LevelDB 中如何实现布隆过滤器。

8.3.1 布隆过滤器的设计

LevelDB 中布隆过滤器代码位于 util/bloom.cc，该文件中的 BloomFilterPolicy 类实现布隆过滤器，该类其实是接口 FilterPolicy 的一个具体实现，因此如果需要自定义其他种类的过滤器，也只需要实现 FilterPolicy 接口即可。FilterPolicy 接口的定义如下：

```
class LEVELDB_EXPORT FilterPolicy {
 public:
 virtual ~FilterPolicy();//析构函数
 virtual const char* Name() const = 0;//过滤器名称
 //创建一个过滤器，keys指定所有的键，n为键的个数，dst为根据keys生成的过滤器内容
 virtual void CreateFilter(const Slice* keys, int n, std::string* dst) const = 0;
 //通过过滤器判断一个键是否存在，key为需要判断是否存在的键，filter为过滤器的内容
 virtual bool KeyMayMatch(const Slice& key, const Slice& filter) const = 0;
}
```

接口定义了 3 个方法：Name 方法返回过滤器名称，CreateFilter 方法返回过滤器内容，KeyMayMatch 方法通过过滤器内容判断一个元素是否存在。

接着我们看 BloomFilterPolicy 如何实现接口中的每个方法，观察 BloomFilterPolicy 的构造函数：

```
explicit BloomFilterPolicy(int bits_per_key) : bits_per_key_(bits_per_
key) {
 //通过上文中的公式计算每个键需要进行哈希的次数，并将该次数保存到变量k_中
 k_ = static_cast<size_t>(bits_per_key * 0.69); // 0.69 =~ ln(2)
 if (k_ < 1) k_ = 1;//k_值至少为1
 if (k_ > 30) k_ = 30;///k_值最大为30
}
```

构造一个布隆过滤器时，首先需要传入一个参数 bits_per_key，代表每个元素需要使用的位个数（并且需要将该值赋值给 bits_per_key_ 变量），即上文公式中的 m/n。然后通过 bits_per_key*0.69（即公式中的 ln2 值）计算得到 k_，通过公式可以知道，k_ 代表生成布隆过滤器时每个键需要进行的哈希次数。如果 k_ 计算大于 30，则赋值为 30。

继续看 FilterPolicy 接口中第一个方法——Name 方法在 BloomFilterPolicy 的实

现。该方法返回布隆过滤器的名称，如下：

```
//默认为leveldb.BuiltinBloomFilter2
const char* Name() const override { return "leveldb.BuiltinBloomFilter2"; }
```

SSTable中的元数据索引块就是通过该名称查找对应的元数据块内容。

接着看FilterPolicy接口中第2个方法——CreateFilter方法在BloomFilterPolicy的实现。该方法会生成一个布隆过滤器，代码如下。

```
void CreateFilter(const Slice* keys, int n, std::string* dst) const override {
  //参数n代表有多少个键，乘以每个键需要的位，即可计算得出共需要多少个位
  size_t bits = n * bits_per_key_;
  if (bits < 64) bits = 64;
  size_t bytes = (bits + 7) / 8;
  bits = bytes * 8
  //生成过滤器内容并保存到dst参数中，将k_值压入dst中
  const size_t init_size = dst->size();
  dst->resize(init_size + bytes, 0);
  dst->push_back(static_cast<char>(k_));
  char* array = &(*dst)[init_size];
  //依次处理每一个键
  for (int i = 0; i < n; i++) {
    uint32_t h = BloomHash(keys[i]);//计算键的哈希值
    //通过哈希值的移位操作计算delta
    const uint32_t delta = (h >> 17) | (h << 15);
    //理论上需要对每一个键计算k_次哈希值，此处通过将对键计算得到的哈希值加delta值来模拟
    //哈希运算
    for(size_t j = 0; j < k_; j++) {
      const uint32_t bitpos = h % bits;
      array[bitpos / 8] |= (1 << (bitpos % 8));
      h += delta;
    }
  }
}
```

CreateFilter方法的各个参数意义如下。

1）keys：代表布隆过滤器中要插入的元素数组；

2）n：代表参数keys中共有多少元素；

3）dst：其中会放置最后生成的布隆过滤器内容。

首先，根据n和bits_per_key_计算需要多少个位来保存该布隆过滤器，向上取整后计算出需要多少字节，向上取整是因为生成的布隆过滤器最后一个字节需要压入k_的值。然后，依次对每个元素模拟哈希计算k_次，并将布隆过滤器中相应的

位置为 1。

CreateFilter 方法其实对每个键只进行了一次哈希，通过第一次的哈希值计算 delta，然后循环 k_ 次，每次将哈希值加 delta 值来模拟哈希运算。该方法的理论来源参考 A Kirsch 和 M Mitzenmacher 的论文“Less hashing, same performance: Building a better Bloom filter”。

接着看 FilterPolicy 接口中第 3 个方法——KeyMayMatch 方法在 BloomFilterPolicy 的实现。该方法判断一个键是否在布隆过滤器中，代码如下：

```
bool KeyMayMatch(const Slice& key, const Slice& bloom_filter) const override {
  const size_t len = bloom_filter.size();
  //布隆过滤器尾部是k_的值，因此需要大于1字节
  if (len < 2) return false;
    ...
  uint32_t h = BloomHash(key);//计算键的哈希值
  const uint32_t delta = (h >> 17) | (h << 15);  //原理同创建布隆过滤器，判
断布隆过滤器中的相应位置是否置为1，有任意一位为0则返回false。否则返回true

  for (size_t j = 0; j < k; j++) {
    const uint32_t bitpos = h % bits;
    if ((array[bitpos / 8] & (1 << (bitpos % 8))) == 0) return false;
    h += delta;
  }
  return true;
}
```

KeyMayMatch 方法的参数 bloom_filter 为布隆过滤器内容。

首先从布隆过滤器中取出 k 值，即需要进行的哈希次数，然后对该键进行 *k* 次模拟哈希，每次哈希计算之后比较布隆过滤器相应位置是否为 1，任意一位不为 1 即返回 false，否则返回 true。

接着我们继续查看布隆过滤器内容如何写入 SSTable 的元数据块以及如何从元数据块读取布隆过滤器内容后进行元素的查找。

8.3.2 布隆过滤器的使用

LevelDB 中具体使用布隆过滤器时又封装了两个类，分别为 FilterBlockBuilder 和 FilterBlockReader。顾名思义，前者通过调用 BloomFilterPolicy 的 CreateFilter 方法生成布隆过滤器，并且将布隆过滤器的内容写入 SSTable 的元数据块，后者通过读取 SSTable 中的元数据块然后调用 BloomFilterPolicy 的 KeyMayMatch 方

法来查找元素是否存在。下面介绍 FilterBlockBuilder 类，该类的定义如图 8-9 所示。

FilterBlockBuilder 类中的成员变量解释如下。

1）policy_：实现了 FilterPolicy 接口的类，在布隆过滤器中为 BloomFilterPolicy。

2）keys_：生成布隆过滤器的键，注意 keys_ 类型为 string，此处会将所有的键依次追加到 keys_ 中，例如有 3 个键：level、level1 和 level2，则 keys_ 为 levellevel1level2。

```
FilterBlockBuilder
-------------------------------------------
-const FilterPolicy* policy_
-std::string keys_
-std::vector<size_t>start_
-std::string result_
-std::vector<Slice>tmp_keys_
-std:vector<uint32_t>filter_offsets_
-------------------------------------------
+Filter BlockBuilder(const FilterPolicy*)
+void StartBlock(uint64_t block_offset)
+void AddKey(const Slice& key)
+Silce Finish()
-void GenerateFilter()
```

图 8-9 FilterBlockBuilder 类

3）start_：数组类型，保存 keys_ 参数中每一个键的开始索引，例如上述例子中 keys_ 为 levellevel1level2，start_ 数组中保存的值为 0、5、11，通过 start_ 能够拆分出具体的键分别为 level、level1、level2。

4）result_：保存生成的布隆过滤器内容。

5）tmp_keys_：生成布隆过滤器时，会通过 keys_ 和 start_ 拆分出每一个键，将拆分出的每一个键保存到 tmp_keys_ 数组中。

6）filter_offset_：过滤器偏移量，即每一个过滤器在元数据块中的偏移量，参考 8.1.6 节。

继续观察 FilterBlockBuilder 中的成员方法。在 LevelDB 中，每 2KB 的键 – 值对数据生成一个布隆过滤器，此时先调用 StartBlock 方法，该方法判断键 – 值对数据是否已经达到 2KB，如果未达到，则将新加入的键继续放入 keys_ 中；如果已经达到 2KB，则首先将 keys_ 中的键生成一个布隆过滤器并保存到 result_ 变量中，并将 result_ 的长度作为一个过滤器偏移量压入 filter_offset_ 数组，然后将 keys_ 和 result_ 变量重置为空。每次加入键使用 FilterBlockBuilder 中的 AddKey 方法，该方法将每一个键放置到成员变量 keys_ 中，并且将键的索引位置记录到 start_。生成 SSTable 中的元数据块要调用 FilterBlockBuilder 的 Finish 方法，该方法可生成一个元数据块并保存到 result_ 中。

首先看 AddKey 方法，其代码如下：

```
void FilterBlockBuilder::AddKey(const Slice& key) {
  Slice k = key;
  //keys_当前的长度为下一个键开始的索引，将其放入start_中
  start_.push_back(keys_.size());
  //将键追加到keys_这个字符串中
  keys_.append(k.data(), k.size());
}
```

AddKey 方法将一个键追加到 keys_ 成员变量中，并将该键的开始位置记录到 start_ 成员变量中。

继续看 Finish 方法，其代码如下：

```
Slice FilterBlockBuilder::Finish() {
  //如果start_变量不为空，说明由AddKey方法加入的键需要生成布隆过滤器，调用GenerateFilter
  //方法生成布隆过滤器内容
  if (!start_.empty()) {
    GenerateFilter();
  }
  //将过滤器偏移量依次追加到result_成员变量，每个偏移量占据固定的4字节空间
  const uint32_t array_offset = result_.size();
  for (size_t i = 0; i < filter_offsets_.size(); i++) {
    PutFixed32(&result_, filter_offsets_[i]);
  }
  //将过滤器内容总的大小追加到result_中
  PutFixed32(&result_, array_offset);
  //将过滤器基数追加到result_中（过滤器基数的定义参考8.1.6）
  result_.push_back(kFilterBaseLg);
  //返回过滤器块，块格式如图8-6
  return Slice(result_);
}
```

Finish 方法会生成一个元数据块（见图 8-6），并分别写入布隆过滤器的内容、偏移量、内容总大小和基数。注意，GenerateFilter 方法实际调用 BloomFilterPolicy 的

CreateFilter 方法生成布隆过滤器内容并且记录此时的过滤器偏移量到 filter_offset_ 变量中。

继续看如何通过 FilterBlockReader 来查找一个元素是否在一个布隆过滤器中，先来看 FilterBlockReader 的类图，如图 8-10 所示。

FilterBlockReader 类的成员变量解释如下。

1）policy_：实现了 FilterPolicy 接口的类，在布隆过滤器中为 BloomFilterPolicy。

2）data_：指向元数据块的开始位置。

3）offset_：指向元数据块中过滤器偏移量的开始位置。

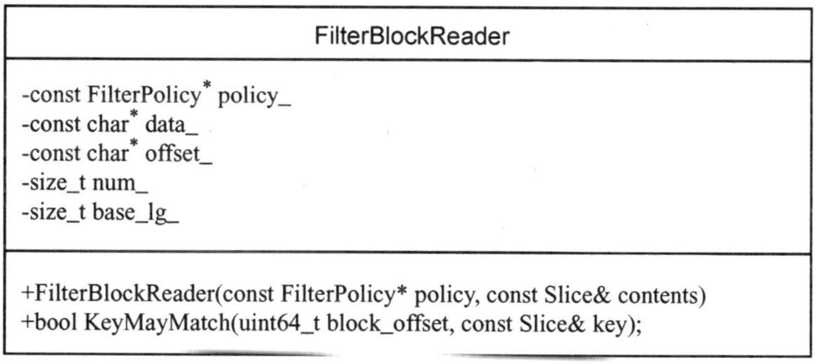

FilterBlockReader
-const FilterPolicy* policy_ -const char* data_ -const char* offset_ -size_t num_ -size_t base_lg_
+FilterBlockReader(const FilterPolicy* policy, const Slice& contents) +bool KeyMayMatch(uint64_t block_offset, const Slice& key);

图 8-10 FilterBlockReader 类图

4）num_：过滤器偏移量的个数。

5）base_lg_：过滤器基数。

解释完 FilterBlockReader 的成员变量之后，先观察 FilterBlockReader 的构造函数，代码如下：

```
FilterBlockReader::FilterBlockReader(const FilterPolicy* policy,const
Slice& contents): policy_(policy), data_(nullptr), offset_(nullptr),
num_(0), base_lg_(0) {
 size_t n = contents.size();//contents即元数据块的内容
 if (n < 5) return;  //因为元数据块至少包括1字节的过滤器基数以及4字节的过滤器内容
                    //总大小，因此字节数不会小于5字节
 base_lg_ = contents[n - 1];//读取最后1字节的过滤器基数放到成员变量base_lg_中，
                           //参考图8-6
 //将过滤器内容总大小的值放到last_word变量中
 uint32_t last_word = DecodeFixed32(contents.data() + n - 5);
 if (last_word > n - 5) return;
 data_ = contents.data();        //data_成员变量指向元数据块的开始位置
```

```
    offset_ = data_ + last_word;     //offset_为过滤器偏移量开始位置
    num_ = (n - 5 - last_word) / 4;//num_为过滤器偏移量的个数
}
```

该构造函数各个参数依次如下。

1）参数 policy 是实现了 FilterPolicy 接口的一个类，在布隆过滤器中为 BloomFilterPolicy。

2）参数 contents 为元数据块的内容。

FilterBlockReader 构造函数首先解析出 base_lg_，即过滤器基数，然后计算出过滤器内容大小 last_word，因为 data_ 指向元数据块开始位置，data_ 加上 last_word 即为过滤器偏移量（offset_）的位置，计算得到的 num_ 即为过滤器偏移量的个数。

FilterBlockReader 中的 KeyMayMatch 方法根据数据块偏移量找到对应的过滤器内容，然后调用 BloomFilterPolicy 中的 KeyMayMatch 方法判断一个元素是否在该过滤器之中。实际代码不再罗列，读者可以自行查看。

我们知道实际查找一个键时，如果 MemTable 中不存在该键，则需要逐层读取 SSTable。

读取 SSTable 之前先通过布隆过滤器判断是否存在该键：如果不存在则直接返回；如果存在，那么需要先将磁盘中的 SSTable 文件内容读取到内存中保存。如果该 SSTable 已经在内存中存在，则只需要进行一次内存读取。如果该 SSTable 在内存中不存在，则需要进行磁盘读取操作。

理论上，我们希望经常使用的 SSTable 内容尽量保存在内存中，但如果磁盘中的 SSTable 文件的总大小大于服务器内存大小，或者需要控制 LevelDB 的内存总占用量时，就需要使用 LRU（least recently used）Cache 来管理内存。

下一节我们来介绍 LevelDB 中 LRU Cache 的设计理念和使用方法。

8.4 LRU Cache 的实现

LRU 是一种缓存置换策略，根据该策略不仅可以管理内存的占用量，还可以将热数据尽量保存到内存中，以加快读取速度。

内存是有限并且昂贵的资源，因此 LevelDB 通过 LRU 策略管理读取到内存的数据。LRU 基于这样一种假设：如果一个资源最近没有或者很少被使用到，那么将来也会很少甚至不被使用。因此如果内存不足，需要淘汰数据时，可以根据 LRU 策略来执行。

另一种比较常见的缓存置换策略是 LFU（least frequently used），LFU 基于的假设是：如果一个资源过去的访问次数很高，那么未来被访问到的概率也会很大。

因此，LRU 可以认为是记录访问的时间，即到当前时间的空闲时间越小越可能被再次访问。LFU 记录的是访问的次数，即到当前时间的访问次数越大越可能被再次访问。因为这两种策略都是基于一定的假设，因此实际中可以根据使用场景与假设的匹配性来决定使用何种策略。在 Redis 中，LRU 和 LFU 两种策略都有实现，并且 LFU 的实现中还会根据时间进行访问次数的衰减[⊖]，而 LevelDB 只实现了 LRU 策略。

本节将介绍 LevelDB 中 LRU 策略的设计和使用。

8.4.1　LRU Cache 的设计

LRU Cache 的数据结构如图 8-11 所示，通过一个哈希表快速定位到缓存，当发生哈希冲突时使用单向链表解决冲突。除此之外，哈希表中的所有值都会通过双向链表串联。每次访问一个值后，会将值在双向链表中移动位置来表明该值最近被访问，淘汰时直接淘汰一个最近未被访问到的值。

图 8-11 中的哈希表有 4 个槽，槽 1 中有 k1、k2 两个键，因此使用一个单向链表串联，槽 3 中有 k3 一个键。k1、k2、k3 整体又会组成一个双向链表。

如果需要查找一个缓存是否存在，可直接通过哈希表 O（1）的复杂度进行判断。查找命中之后，需要将相应的值移动到双向链表的头部。当需要进行缓存淘汰时，只需通过双向链表尾部逐个淘汰，直到满足需求。

LevelDB 通过 LRU Cache 结构来管理 LRU，其定义如下：

⊖　因为过去经常访问的数据在未来不一定还会经常访问，因此需要根据距离当前时间进行访问的次数衰减。

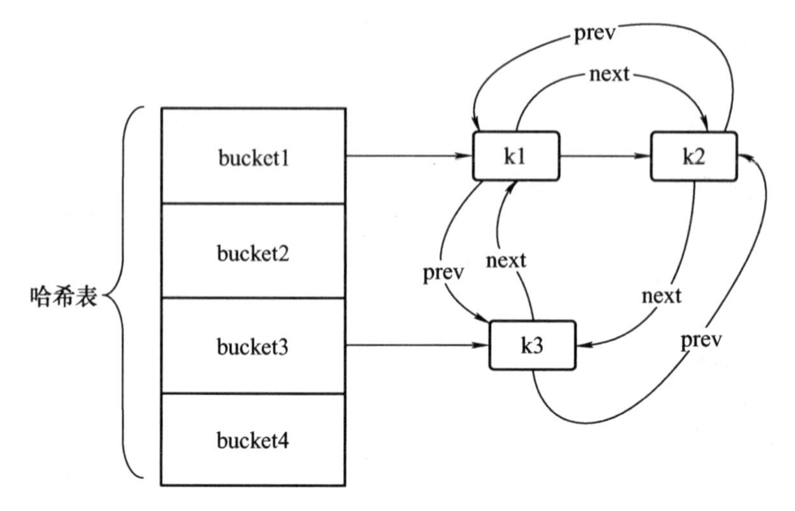

图 8-11　LRU Cache 的设计

```
class LRUCache {
  public:
  ...
  //设置LRU Cache的容量大小
  void SetCapacity(size_t capacity) { capacity_ = capacity; }
  Cache::Handle* Insert(const Slice& key, uint32_t hash, void* value,size_t
  charge,void (*deleter)(const Slice& key, void* value));//在哈希表中插
  入节点
  Cache::Handle* Lookup(const Slice& key, uint32_t hash);//在哈希表中查找节点
  void Release(Cache::Handle* handle);//在哈希表中释放一个节点的引用
  void Erase(const Slice& key, uint32_t hash);//在哈希表中移除一个节点
  void Prune();//将lru_双向链表中的节点全部移除
  ...
private:
  void LRU_Remove(LRUHandle* e);//将一个节点从双向链表中移除
  void LRU_Append(LRUHandle* list, LRUHandle* e);
  //将一个节点插入list参数指定的双向链表
  void Ref(LRUHandle* e);//对一个节点的引用计数加1
  void Unref(LRUHandle* e);//对一个节点的引用计数减1
  //移除一个节点
  bool FinishErase(LRUHandle* e) EXCLUSIVE_LOCKS_REQUIRED(mutex_);
  size_t capacity_;//哈希表容量大小
  //lru_.prev 指向最新的节点，lru_.next指向最旧的节点。如果一个节点的引用计数refs等
  //于1并且未被移除，即节点的变量in_cache为true，则将该节点放到lru_双向链表中
  LRUHandle lru_ GUARDED_BY(mutex_);
```

```
  //in_use_双向链表中的节点引用计数refs都大于等于2并且肯定未被移除，即节点的in_cache
  //为true
  LRUHandle in_use_ GUARDED_BY(mutex_);
  //实际使用的哈希表，LRU Cache对哈希表的操作都会通过底层的table_变量来操作
  HandleTable table_ GUARDED_BY(mutex_);
};
```

需要重点关注的成员变量如下。

1）table_：HandleTable类型，该类型在LevelDB中定义了一个哈希表，成员变量包括哈希表的桶个数、元素个数、桶的首地址，成员方法包括在哈希表中插入、查找键以及哈希表的扩缩容方法。注意，在LRU Cache结构中操作哈希表的公共方法（Insert、Lookup等）实际都会调用table_变量中的相关插入和查找方法。

2）in_use_以及lru_：LRU Cache结构中定义的两个双向链表，类型为LRUHandle，该类型在LevelDB中定义了每个哈希表的节点，具体表示如下。

```
struct LRUHandle {
  void* value; //节点中保存的值
  void (*deleter)(const Slice&, void* value);//节点的销毁方法
  LRUHandle* next_hash; //如果产生哈希冲突，则用一个单向链表串联冲突的节点
  LRUHandle* next; //LRU双向链表的后一个节点
  LRUHandle* prev; //LRU双向链表的前一个节点
  size_t charge;  //当前节点占用的容量，LevelDB中每个节点容量为1
  size_t key_length;      //节点中键的长度
  bool in_cache;          //该节点是否在缓存中，如果不在，则可以调用节点的销毁方法进
                          //行销毁
  uint32_t refs;//该节点的引用计数
  uint32_t hash;//该节点键的哈希值，该值缓存到此处可避免每次都进行哈希运算，提高效率
  char key_data[1];//该节点键的占位符，键的实际长度保存在key_length中
  ...
};
```

每个节点中包括键-值对数据，发生哈希冲突时指向下一个节点的单向链表指针，LRU策略需要的双向链表的前后向指针，refs引用计数变量，表明节点是否在缓存中的in_cache变量。refs和in_cache成员变量的具体使用下文将详细叙述。

LRU Cache的实现有如下两处细节需要注意。

1）LRUCache的并发操作不安全，因此操作时需要加锁。为了减小锁的粒度，LevelDB中通过哈希将键分为16个段，可以理解为有16个相同的LRU Cache结构，

每次进行 Cache 操作时需要先去查找键属于的段。

2）每个 LRU Cache 结构中有两个成员变量：lru_ 和 in_use_。lru_ 双向链表中的节点是可以进行淘汰的，而 in_use_ 双向链表中的节点表示正在使用，因此不可以进行淘汰。

下文分别详细分析这两处细节，先看第一处。

LevelDB 会调用 NewLRUCache 生成一个 Cache 实例，该函数实际返回一个 ShardedLRUCache 的实例，实例中有一个大小为 16 的 shard_ 成员，shard_ 成员的每个元素均为一个 LRUCache 结构。NewLRUCache 函数的代码如下：

```
static const int kNumShardBits = 4;
//LRU Cache共分为16个相同的段
static const int kNumShards = 1 << kNumShardBits;
class ShardedLRUCache : public Cache {
  private:
  //shard_数组共有16个元素，元素类型为LRUCache
  LRUCache shard_[kNumShards];
  …
}
//调用NewLRUCache函数时实际返回的是ShardedLRUCache实例，capaticy为允许使用的
//LRU Cache的容量大小
Cache* NewLRUCache(size_t capacity) { return new ShardedLRUCache
(capacity); }
```

查找时首先对需要进行查找的键进行 HashSlice 操作并返回一个哈希值，然后将该值传入 Shard 函数，该函数会返回一个小于 16 的数，即为该次操作需要使用的段。HashSlice 函数和 Shard 函数的代码如下：

```
//对一个需要查找的字符串进行哈希
static inline uint32_t HashSlice(const Slice& s) {
  return Hash(s.data(), s.size(), 0);
}
//将哈希得到的值右移28位，即取哈希值的高4位，因此通过Shard函数处理后的值小于16
static uint32_t Shard(uint32_t hash) { return hash >> (32 - kNumShardBits);}
```

获取到一个键所属的段之后即可调用 LRUCache 结构的相关方法进行查找和插入操作。

继续详细考察 LevelDB 实现 LRU Cache 时的第二处细节，即 LRU Cache 结构中的两条双向链表 lru_ 和 in_use_。缓存节点放到 in_use_ 还是 lru_ 由节点中的成员变量 in_cache（是否在缓存中）以及 refs（引用计数）决定。规则为：如果一个缓存

节点的in_cache为true，并且refs等于1，则放置到lru_中；如果in_cache为true，并且refs大于等于2，则放置到in_use_中。

可见，lru_和in_use_中的每个节点的成员变量in_cache_都为true，而当一个节点的in_cache_变量置为false时，则表明该节点未缓存在内存中。

每个节点的in_cache变量值在如下几种情况下会置为false。

1）删除该节点后。

2）调用LRUCache的析构函数时，会将所有节点的in_cache置为false。

3）插入一个节点时，如果已经存在一个键值相同的节点，则旧节点的in_cache会置为false。

继续看节点的refs成员变量，该变量的变动规则如下。

1）每次调用Ref函数，会将refs变量加1，调用Unref函数，会将refs变量减1。

2）插入一个节点时，该节点会放到in_use_链表中，并且初始的引用计数为2，不再使用该节点时将引用计数减1，如果此时节点也不再被其他地方引用，那么引用计数为1，将其放到lru_链表中。

3）查找一个节点时，如果查找成功，则调用Ref函数，将该节点的引用计数加1，如果引用计数大于等于2，会将节点放到in_use_链表中，同理，不再使用该节点时将引用计数减1，如果此时节点也不再被其他地方引用，那么引用计数为1，将其放到lru_链表中。

Ref函数的代码如下：

```
void LRUCache::Ref(LRUHandle* e) {
  //如果节点在lru_链表中，则调用Ref函数后会将节点从lru_链表中删除，并且放到in_use_链
  //表中
  if (e->refs == 1 && e->in_cache) {
    LRU_Remove(e);
    LRU_Append(&in_use_, e);
  }
  //将节点的refs变量加1
  e->refs++;
}
```

如果缓存节点在lru_链表中（refs为1，in_cache为true），则首先从lru_链表中删除该节点，然后将节点放到in_use_链表中。最后将节点的refs变量加1。Unref函数的代码如下所示：

```
void LRUCache::Unref(LRUHandle* e) {
  //首先将节点的refs变量减1
  e->refs--;
  if (e->refs == 0) {  //如果节点的refs计数等于0，则释放该节点
    (*e->deleter)(e->key(), e->value);//调用节点销毁函数释放该节点
    free(e);
  } else if (e->in_cache && e->refs == 1) {
    //如果节点仍旧在缓存中并且refs变量为1，则将其从in_use_链表中删除，并添加到lru_链
    //表中
    //LRU_Remove(e);
    LRU_Append(&lru_, e);
  }
}
```

Unref 函数首先将节点的 refs 变量减 1，然后判断如果 refs 已经等于 0，则删除并释放该节点，否则，如果 refs 变量等于 1 并且 in_cache 为 true，则将该节点从 in_use_ 链表中删除并且移动到 lru_ 链表中。

如果内存超出限制需要淘汰一个节点时，LevelDB 会将 lru_ 链表中的节点逐个淘汰。

LevelDB 会在插入节点的 Insert 方法中判断当前使用量是否已经大于设置的容量，如果是，则会进行淘汰，Insert 方法的代码如下：

```
Cache::Handle* LRUCache::Insert(const Slice& key, uint32_t hash, void*
value,size_t charge,void (*deleter)(const Slice& key,void* value))

 {
  ...
  //根据使用量和总的允许容量大小判断是否需要进行缓存淘汰并且lru_链表中是否有节点
  while (usage_ > capacity_ && lru_.next != &lru_) {
    LRUHandle* old = lru_.next;
    //调用FinishErase方法进行淘汰处理
    bool erased = FinishErase(table_.Remove(old->key(), old->hash));
  }
  return reinterpret_cast<Cache::Handle*>(e);
}

bool LRUCache::FinishErase(LRUHandle* e) {
  if (e != nullptr) {
    assert(e->in_cache);
    LRU_Remove(e);        //从链表中删除节点
    e->in_cache = false; //将节点的in_cache置为false
    usage_ -= e->charge; //修改当前使用容量的大小
```

```
    Unref(e);//对节点调用Unref函数
  }
  return e != nullptr;
}
```

LRUCache 的 Insert 方法会触发淘汰逻辑，淘汰时实际调用了 FinishErase 方法，该方法会将缓存节点从链表中删除，并且将 in_cache 置为 false，同时减小当前使用容量的大小，最后调用 Unref 函数。

下一节我们继续介绍 LevelDB 中如何使用 LRU Cache。

8.4.2 LRU Cache 的使用

LevelDB 中 Cache 缓存的主要是 SSTable，即缓存节点的键为 8 字节的文件序号，值为一个包含了 SSTable 实例的结构。代码实现位于 db/table_cache.h 和 db/table_cache.cc，我们要重点关注 TableCache 类，TableCache 类定义如图 8-12 所示。

TableCache 类中比较关键的是 cache_ 成员变量以及 FindTable 方法，其中 cache_ 成员变量初始化为一个 ShardedLRUCache 的实例（调用 NewLRUCache 函数），而 FindTable 方法会使用文件序号（file_number）作为键，并且在 cache_ 中查找是否存在该键，如果不存在，则需要打开一个 SSTable，经过处理之后作为值插入 cache_ 中。FindTable 的代码如下。

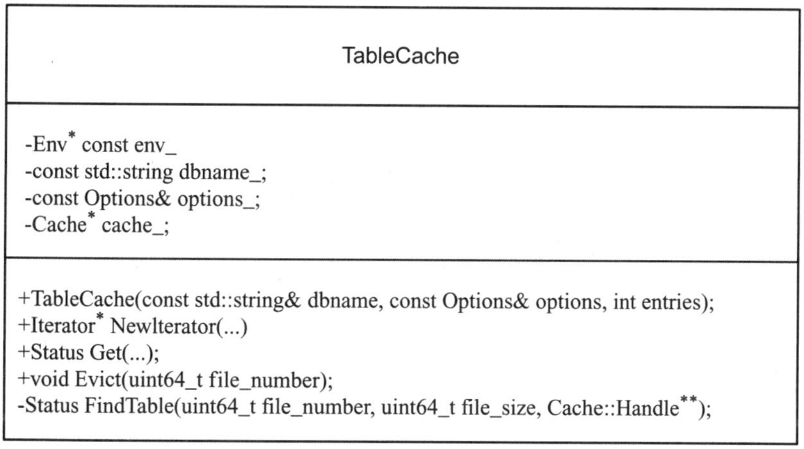

TableCache
-Env* const env_ -const std::string dbname_; -const Options& options_; -Cache* cache_;
+TableCache(const std::string& dbname, const Options& options, int entries); +Iterator* NewIterator(...) +Status Get(...); +void Evict(uint64_t file_number); -Status FindTable(uint64_t file_number, uint64_t file_size, Cache::Handle**);

图 8-12 TableCache 类

```
Status TableCache::FindTable(uint64_t file_number, uint64_t file_size,
Cache::Handle** handle) {
  Status s;
  char buf[sizeof(file_number)];
  EncodeFixed64(buf, file_number);
  Slice key(buf, sizeof(buf));//使用file_number构造键
  *handle = cache_->Lookup(key);//在缓存中查找该键
  if (*handle == nullptr) {//如果没找到，则需要打开一个SSTable文件
    //fname代表要打开的SSTable文件名称
    std::string fname = TableFileName(dbname_, file_number);
    RandomAccessFile* file = nullptr;
    Table* table = nullptr;
    //生成一个RandomAccessFile（定义参考5.2节）实例，并保存到file变量中
    s = env_->NewRandomAccessFile(fname, &file);
    ...
    if (s.ok()) {
      //打开SSTable文件并且生成一个Table实例保存到table变量中
      s = Table::Open(options_, file, file_size, &table);
    }
    if (!s.ok()) {
      ...//打开失败时的错误处理
    } else {
      //实例化一个TableAndFile结构，该结构中的file变量保存一个RandomAccessFile实
例，table变量保存一个Table实例
      TableAndFile* tf = new TableAndFile;
      tf->file = file;
      tf->table = table;
      //以文件序号作为键，TableAndFile实例作为值，插入缓存中
      *handle = cache_->Insert(key, tf, 1, &DeleteEntry);
    }
  return s;
}
```

SSTable 在 Cache 中缓存时的键为文件序列号，值为一个 TableAndFile 实例，该实例中包括两个成员变量，分别为 file 和 table，查找时通过保存在 table 变量中的 Table 实例迭代器进行查找。

至此，LRU Cache 在 LevelDB 中的设计及使用方法已经介绍完毕。

8.5 小结

通过本章的学习，我们能够掌握 LevelDB 中的硬盘存储结构 SSTable 的格式以

及如何读取和生成一个 SSTable，并且介绍了 LevelDB 中为加速读取而使用的布隆过滤器，及其内存管理策略 LRU Cache 的实现和使用。

通过 Log 模块、MemTable 模块、SSTable 模块的学习，我们能够详细知晓 LevelDB 的读取和写入涉及的所有数据结构。接下来的章节中会继续分析 LevelDB 中 Compaction 的实现。

Chapter 9 第9章

多版本管理与 Compaction 原理

LevelDB 中的 Level 代表层级，有 0 ~ 6 共 7 个层级，每个层级都由一定数量的 SSTable 文件组成。其中，高层级文件是由低层级的一个文件与高层级中与该文件有键重叠的所有文件使用归并排序算法生成，该过程称为 Compaction。LevelDB 通过 Compaction 将冷数据逐层下移，并且在 Compaction 过程中重复写入的键只会保留一个最终值，已经删除的键不再写入，因此可以减少磁盘空间占用。由于 Compaction 涉及大量的磁盘 I/O 操作，比较耗时，因此需要通过后台的一个独立线程执行该过程。

LevelDB 中 Level 0 的 SSTable 文件是由 MemTable 生成，每当 Level 0 的文件个数大于等于 4 时会触发一次 Compaction，并生成 Level 1 的文件。而从 Level 1 到 Level 5，当每个层级所有文件的大小之和超出该层允许的最大值时，也会触发一次 Compaction。其中 Level 1 允许的最大大小为 10MB，Level 2 为 100MB，Level3 为 1000MB（即 1GB），Level4 为 10GB，Level5 为 100GB，Level6 为 1TB。

需要注意的是，Level 0 的单个文件中的键是有序的，但在 Level 0 中的所有文件可能会出现键重叠的情况。而从 Level 1 到 Level 6，不只单个文件中的键是有序的，每个层级中的所有文件也不会有键重叠。

本章首先介绍与 Compaction 关系密切的多版本管理机制，接着介绍 Compaction 的原理以及执行流程。

9.1 多版本管理机制

每当 LevelDB 进行一次从 Level *n*（*n* 小于 6）层到 Level *n*+1 层的 Compaction 操作之后，会先在 Level *n*+1 层生成新的 SSTable 文件，此时参与执行此次 Compaction 操作的 Level *n* 层与 Level *n*+1 层的旧文件均可以删除。可以看到，每次 Compaction 操作之后属于某个 Level 的文件会发生改变。LevelDB 使用版本（Version）来管理每个层级拥有的文件信息，每次执行 Compaction 操作之后会生成一个新的版本。生成新版本的过程中，LevelDB 会使用一个中间状态的 VersionEdit 来临时保存信息，最后将当前版本与中间状态的 VersionEdit 合并处理之后生成一个新的版本，并将最新版本赋值为当前版本。

一系列的版本构成一个版本集合，LevelDB 中的版本集合 VersionSet 是一个双向链表结构。

注意，LevelDB 中的快照功能就是通过序列号与多版本机制给用户提供一个一致性的视图[⊖]。因为 LevelDB 中的每次写入都会递增序列号，因此序列号可以保证生成快照后不会读取新生成的数据，而每当在一个版本之上进行读取时，会将该版本的引用次数加 1，从而保证该版本不会被销毁，实现在一个版本内继续读取，不会因为版本变化导致读取不一致。接下来的章节中，我们将依次介绍 VersionEdit、Version 以及 VersionSet 的相关情况。

9.1.1 VersionEdit 机制

VersionEdit 是一个版本的中间状态，会保存一次 Compaction 操作后增加的删除文件信息以及其他一些元数据，其代码位于 db/version_edit.h 与 db/version_edit.cc，类图如图 9-1 所示。

⊖ 即通过迭代器读取时，只能读取到快照生成时的数据，新写入的数据不会被读取到，并且读取是一致的，好像在某一刻给 LevelDB 拍了一个照片，该照片中的景色不再受到后续操作的干扰，这也是快照名称的由来。

```
VersionEdit
-----------------------------------------------------------------
-typedef std::set<std::pair<int, uint64_t>>DeletedFileSet
-std::string comparator_
-uint64_t log_number_
-uint64_t prev_log number_
-uint64_t next_file_number_
-SequenceNumber last_sequence_
-bool has_comparator_
-bool has_log_number_
-bool has_prev_log_number_
-bool has_next_file_number_
-bool has_last_sequence_
-std::vector<std::pair<int, IntermalKey>>compact_pointers_
-DeletedFileSet deleted_files_
-std::vector<std::pair<int, FileMetaData>>new_files_
-----------------------------------------------------------------
+void SetComparatorName(const Slice& name)
+void SetLogNumber(uint64_t num)
+void SetPrevLogNumber(uint64_t num)
+void SetNextFile(uint64_t num)
+void SetLastSequence(SequenceNumber seq)
+void SetCompactPointer(int level, const InternalKey& key)
+void AddFile(int level, uint64_t file,uint64_t file_size,
           const InternalKey& smallest, const InternalKey& largest)
+void RemoveFile(int level, uint64_t file)
+void EncodeTo(std::string* dst)const
+Status DecodeFrom(const Slice& src)
```

图 9-1 VersionEdit 类图

VersionEdit 类中的关键成员变量介绍如下。

1）comparator_：比较器名称，因为 MemTable 及 SSTable 均是有序排列，因此需要一个比较器。

2）log_number_：日志文件序号，日志文件与 MemTable 一一对应，当一个 MemTable 生成为 SSTable 后会将旧的日志文件删除并且生成一个新的日志文件，日志文件的名称由 6 位（不足 6 位则前边加 0 补充）日志文件序列号加 log 后缀组成，例如 000001.log。

3）next_file_number_：下一个文件序列号。LevelDB 中的文件包括日志文件以及 SSTable 文件、Manifest 文件。SSTable 文件由 6 位文件序列号加 sst 后缀组成，如 000002.sst；Manifest 文件由 Manifest- 加 6 位文件序列号组成，例如 Manifest-000003。所有文件的序列号顺序递增。

4）last_sequence_：下一个写入序列号。LevelDB 的每次写入都会递增序列号。

5）has_comparator_，has_log_number，has_prev_log_number_，has_last_sequence_，has_next_file_number_：5 个布尔型变量，表明相应的成员变量是否已经设置。例如，has_next_file_number_ 为 true，则说明 next_file_number_ 成员变量已经设置。

6）compact_pointers_：该变量用来指示 LevelDB 中每个层级下一次进行 Compaction 操作时需要从哪个键开始。对每个层级 L，会记录该层上次进行 Compaction 操作时的最大键，当 L 层下一次进行 Compaction 操作需要选取文件时，该文件的最小键需要大于记录的最大键。即每一层的 Compaction 操作都会在该层的键空间循环执行。

7）deleted_files_：记录每个层级执行 Compaction 操作之后删除掉的文件，注意此处只需要记录删除文件的文件序列号。

8）new_files_：记录每个层级执行 Compaction 操作之后新增的文件，注意新增文件记录为一个个 FileMetaData 结构体，定义如下：

```
struct FileMetaData {
  ...
  int refs; //引用次数
  int allowed_seeks;      //允许的最大无效查询次数
  uint64_t number;        //文件序列号
  uint64_t file_size;     //文件大小
  InternalKey smallest;   //该文件中的最小键
  InternalKey largest;    //该文件中的最大键
};
```

该结构体中不只包括文件序列号，还包括文件大小以及文件中的最大 / 最小键。通过记录最大 / 最小键可以很方便地判断某个待查询的键是否可能位于该文件之中。注意，allowed_seeks 变量代表一个文件允许的最大无效查询次数，通过该变量也可以触发一次 Compaction 操作，在下文具体介绍。

继续查看 VersionEdit 类中的成员方法，主要包括 3 类。

1）设置器（setter）：设置比较器名称（SetComparatorName），设置日志文件序列号（SetLogNumber），设置上一个日志文件序列号（SetPrevLogNumber，兼容旧版本，已经不再使用），设置下一个文件序列号（SetNextFile），以及设置写入序列号（SetLastSequence），设置 CompactPointer（SetCompactPointer）。

2）指定层级的文件信息更新：给一个层级增加文件（AddFile）和删除文件（RemoveFile）。

3）VersionEdit 结构编解码：将 VersionEdit 结构编码为一个字符串（EncodeTo）和从一个 Slice 中解码为 VersionEdit 结构（DecodeFrom）。VersionEdit 结构编解码在 Manifest（参考 9.1.4 节）文件的生成和读取中使用。

逐个观察这 3 种成员方法。

如下是设置比较器名称的方法。

```
void SetComparatorName(const Slice& name) {
  has_comparator_ = true;//将has_comparator_成员变量置为true
  comparator_ = name.ToString();//将comparator_成员变量设置为比较器名称
}
```

可以看到，上述代码设置成员变量 comparator_ 为比较器名称，并且设置 has_comparator_ 变量为 true。其他设置器的设置与此相似，都是设置一个成员变量并且设置一个布尔值，不再赘述。

接着观察第二类成员方法，即在指定层级增加文件信息的 AddFile 方法和在指定层级删除文件的 RemoveFile 方法。AddFile 方法将参数中的信息复制到一个 FileMetaData 结构体并且压入 new_files_ 成员变量，RemoveFile 将指定的文件序列号放入 deleted_files_ 成员变量，因为比较简单，所以代码不再给出。AddFile 和 RemoveFile 方法在执行 Compaction 过程中可以用来保存新增加的文件以及删除旧文件。

继续观察第三类成员方法。

在 VersionEdit 中，EncodeTo 方法会将 VersionEdit 各个成员变量的信息编码为一个字符串。一般来说有两种编码方法可以用来序列化一个结构体：一种方法为将结构体的所有成员变量依次进行编码，那么解码时依次解出即可。该方法的缺点是每次都必须编码所有成员变量（即使该成员变量并未设置）；另一种方法为给每个成员变量设置一个标记，通过标记可以知道解码数据的类型。LevelDB 中使用第二种方法，编码时会先给每个成员变量定义一个 Tag，Tag 的枚举值如下所示：

```
enum Tag {
  kComparator = 1,          //比较器
  kLogNumber = 2,           //日志文件序列号
  kNextFileNumber = 3,      //下一个文件序列号
  kLastSequence = 4,        //下一个写入序列号
  kCompactPointer = 5,      //CompactPointer类型
  kDeletedFile = 6,         //删除的文件
  kNewFile = 7,             //增加的文件
  kPrevLogNumber = 9        //前一个日志文件序列号
};
```

Tag 在 EncodeTo 方法中编码为可变长度的 32 位整型（因为 Tag 为 1 ~ 9，因此只需占用 1 个字节）。继续看 EncodeTo 方法的代码实现：

```
void VersionEdit::EncodeTo(std::string* dst) const {
  //如果设置了comparator_变量，则先将kComparator Tag编码，然后将比较器名称编码追加
  //到dst字符串中
  if (has_comparator_) {
    PutVarint32(dst, kComparator);//可变长度编码Tag
    PutLengthPrefixedSlice(dst, comparator_);
  }
  //如果设置了has_log_number_变量，则先将kLogNumber Tag编码，然后将日志文件序列号
  //编码追加到dst字符串中
  if (has_log_number_) {
    PutVarint32(dst, kLogNumber);
    PutVarint64(dst, log_number_);//log_number_编码为可变长度的64位整型
  }
  //其他成员变量类似，先判断一个成员变量的布尔值是否设置，如果设置，则依次编码该类型的
  //Tag和值
  …
  // 依次将compact_pointers_中的层级和键编码
  for (size_t i = 0; i < compact_pointers_.size(); i++) {
    PutVarint32(dst, kCompactPointer);
    // 将层级编码后追加到dst字符串
    PutVarint32(dst, compact_pointers_[i].first);
    // 将该层级对应的上次Compaction操作的最大键编码后追加到dst字符串
    PutLengthPrefixedSlice(dst,compact_pointers_[i].second.Encode());
}
  //依次将deleted_files_中的层级和文件序列号编码追加到dst字符串
  for (const auto& deleted_file_kvp : deleted_files_) {
    PutVarint32(dst, kDeletedFile);
    PutVarint32(dst, deleted_file_kvp.first);    // 层级
    PutVarint64(dst, deleted_file_kvp.second);  // 文件序列号
  }
  //依次将new_files_中的层级和FileMetaData结构体进行编码
```

```
    for (size_t i = 0; i < new_files_.size(); i++) {
      const FileMetaData& f = new_files_[i].second;
      PutVarint32(dst, kNewFile);
      PutVarint32(dst, new_files_[i].first); // 层级
      //将FileMetaData中的变量依次编码追加到dst字符串
      PutVarint64(dst, f.number); //文件序列号
      PutVarint64(dst, f.file_size);//文件大小
      PutLengthPrefixedSlice(dst, f.smallest.Encode());//文件中最小键
      PutLengthPrefixedSlice(dst, f.largest.Encode()); //文件中最大键
    }
  }
```

EncodeTo 函数会依次以 Tag 开头，将比较器名称、日志序列号、上一个日志序列号、下一个文件序列号、最后一个序列号、CompactPointers[⊖]、每个层级删除的文件以及增加的文件信息保存到一个字符串中。注意，删除文件只保存了层级以及文件的序列号，增加的文件除了保存层级和文件序列号，还保存了每个文件的大小以及该文件中最大键值和最小键值（即将 FileMetaData 结构进行了编码）。

介绍完 EncodeTo 函数，DecodeFrom 函数其实就比较好理解了，解码出相应的成员变量即可，不再罗列代码。接着继续介绍版本——Version。

9.1.2 Version 机制

Version 表示当前的一个版本，该结构中会保存每个层级拥有的文件信息以及指向前一个和后一个版本的指针等。Version 类的代码位于 db/version_set.h 与 db/version_set.cc，其类图如图 9-2 所示。

Version 类中的成员变量解释如下。

1）GetStats：键查找时用来保存中间状态的一个结构，定义如下：

```
struct GetStats {
  FileMetaData* seek_file;              //文件信息
  int seek_file_level;            //文件所属的层级
};
```

GetStats 中包括一个文件信息以及文件所属的层级，文件信息保存到一个 FileMetaData 中。

⊖ 该指针的作用是表明某个层级中下次从哪个键开始进行 Compaction 操作。

2）vset_：该版本属于的版本集合。

3）prev_、next_：指向前后版本的指针（VersionSet 为一个双向链表）。

4）refs_：该版本的引用计数。

5）files_：每个层级所包含的 SSTable 文件，每一个文件以一个 FileMetaData 结构表示。

```
Version
---------------------------------------------------------------
+struct GetStats
-VersionSet* vset_
-Version* next_
-Version* prev_
-int refs_
-std::vector<FileMetaData*>files [config::kNumLevels]
-FileMetaData* file_to_compact_
-int file_to_compact_level_
-double compaction_score_
-int compaction_level_
---------------------------------------------------------------
+void AddIterators(const ReadOptions&, std::vector<Iterator*>*iters)
+Status Get(const ReadOptions&, const LookupKey& key,
            std::string* val, GetStats* stats)
+bool UpdateStats(const GetStats& stats)
+bool RecordReadSample(Slice key)
+void Ref();
+void Unref();
+void GetOverlappingInputs(ing level, const InternalKey* begin,
                           const InternalKey* end,
                           std::vector<FileMetaData*>*inputs)
+bool OverlapInLevel(int level, const Slice* smallest_user_key,
    const Slice* largest_user_key)
+int PickLevelForMemTableOutput(const Slice& smallest_user_key,
                               const Slice& largest_user_key)
+int NumFiles(int level)const
-Iterator* NewConcatenatingIterator(const ReadOptions&, int level)const
-void ForEachOverlapping(Slice user_key, Slice internal_key,
                         void* arg, bool(*func)(void*, int, FileMetaData*))
```

图 9-2　Version 类图

6）file_to_compact_、file_to_compact_level_：下次需要进行 Compaction 操作的文件以及文件所属的层级。该文件的选取规则与一个文件的 allowed_seeks 有关，后文详细解释。

7）compaction_score_、compaction_level_：如果 compaction_score_ 大于 1，说明需要进行一次 Compaction 操作；compaction_level_ 表明需要进行 Compaction 操作的层级。

6、7 两项中的版本成员变量代表了两种触发 Compaction 操作的策略，在 LevelDB 中分别称之为 size_compaction（因为一个层级中文件个数或者大小超出限制导致的 Compaction 操作）及 seek_compaction（因为一个层级中的某个文件无效读取过多导致的 Compaction 操作，即将冷数据放到更高的层级）。下边分别介绍这两种策略。

1. 策略 1（size_compaction）

策略 1 通过判断层级中的文件个数（Level 0）或者文件总大小（Level1 ~ Level5）来计算得出 compaction_score_ 及 compaction_level_。

compaction_score_ 的赋值逻辑如下。

1）Level 0 层：将当前 Level 0 包含的文件个数除以 4 并赋值给 compaction_score_，如果 Level 0 的文件个数大于等于 4，则此时 compaction_score_ 会大于等于 1。

2）Level 1 ~ Level 5 层：通过该层文件的总大小除以该层文件允许的最大大小并赋值给 compaction_score_。

该赋值逻辑位于 VersionSet 中的 Finalize 方法，Finalize 方法代码如下：

```
void VersionSet::Finalize(Version* v) {
  int best_level = -1;
  double best_score = -1;
  for (int level = 0; level < config::kNumLevels - 1; level++) {
    double score;
    if (level == 0) {
      //Level 0的分数通过Level 0的文件个数除以4决定
      score = v->files_[level].size() /
            static_cast<double>(config::kL0_CompactionTrigger);
    } else {
      //Level 1~Level 5层的分数通过该层所有文件的总大小除以每层允许的最大大小决定
      const uint64_t level_bytes = TotalFileSize(v->files_[level]);
      score = static_cast<double>(level_bytes) / MaxBytesForLevel
            (options_, level);
```

```
      }
      //选取一个最大分的层级
      if (score > best_score) {
        best_level = level;
        best_score = score;
      }
    }
    //将最大分的层级和分数赋值给Version中的compaction_level_和compaction_score_
    v->compaction_level_ = best_level;
    v->compaction_score_ = best_score;
  }
```

每次当版本中的 compaction_score_ 大于等于 1 时，则需要进行一次 Compaction 操作。

2. 策略 2（seek_compaction）

策略 2 假设 Level *n* 层包括一个名称为 f1 的文件，该文件的键范围为 [L1,H1]，*n*+1 层某个文件 f2 的键范围为 [L2,H2]。当我们需要查找一个键 key1 时，假设 key1 既位于 [L1,H1] 的范围，也位于 [L2,H2] 的范围，则先查找 Level *n* 层的 f1 文件，如果没有查到，则继续查找 Level *n* +1 层的 f2 文件，此时 f1 文件的读取就算一次无效读取，无效读取数超过一定限制时（即 FileMetaData 结构中的 allowed_seeks 指定的大小），就会将 file_to_compact_ 变量置为 f1，file_to_compact_level_ 置为 f1 所属于的层级 n。

allowed_seeks 是每个文件允许的最大无效读取次数，该值的计算代码如下：

```
//f为一个FileMetaData结构
f->allowed_seeks = static_cast<int>((f->file_size / 16384U));
if (f->allowed_seeks < 100) f->allowed_seeks = 100;
```

allowed_seeks 计算逻辑为文件大小除以 16384 后取值。但如果计算得到的值小于 100，则将其设置为 100。那为什么是除以 16384 呢？ LevelDB 作者给出了这样的解释。

1）硬盘中的一次查找操作耗费 10ms。

2）硬盘读取速度为 100MB/s，因此读取或者写入 1MB 数据需要 10ms。

3）执行 Compaction 操作时，1MB 的数据需要 25MB 数据的 I/O，因为从当前层级读取 1MB 后，相应地需要从下一个层级读取 10MB ~ 12MB（因为每一层的最大大小为前一层的 10 倍，并且考虑到边界重叠的情况，因此执行

Compaction 操作时需要读取下一层的 10MB ~ 12MB 数据)，然后执行归并排序后写入的 10MB ~ 12MB 的数据到下一个层级，因此读取加写入最大需要 25MB 数据的 I/O。

4）因此 25 次查找（约耗费 250ms）约略等于一次执行 Compaction 操作时处理 1MB 数据的时间（1MB 的当前层读取加 10MB ~ 12MB 的下一层读取，再加 10MB ~ 12MB 的下一层写入，约为 25MB 的数据读取和写入总量，因此也是消耗 250ms）。那么一次查找的数据量约略等于处理 Compaction 操作时的 40KB 数据（1MB 除以 25）。进一步保守处理，取 16384（16K）这个值，即当查找次数超出 allowed_seeks 时，执行一次 Compaction 操作是一个更加合理的选择。

通过一个迭代器进行键查找时，当读取的键 - 值对数据超过一定数量后，会调用 Version 中的 RecordReadSample 方法进行采样，该方法会判断当前键是否在大于等于两个 SSTable 文件中进行过查找（即第一次进行了无效查找)，如果符合此种情况，则会继续调用 Version 中的 UpdateStats 方法更新 allowed_seeks，UpdateStats 方法的代码如下：

```
bool Version::UpdateStats(const GetStats& stats) {
     FileMetaData* f = stats.seek_file;
     if (f != nullptr) {
       f->allowed_seeks--;//将无效查找的文件allowed_seeks减1
       // 如果文件允许的allowed_seeks小于等于0，并且file_to_compact_还未赋值，
       //则将其赋值
       if (f->allowed_seeks <= 0 && file_to_compact_ == nullptr) {
         //为file_to_compact_变量赋值
         file_to_compact_ = f;
         //为file_to_compact_level_变量赋值
         file_to_compact_level_ = stats.seek_file_level;
         return true;
       }
     }
     return false;
}
```

UpdateStats 的逻辑比较简单：假设进行无效查找的文件为 f1（FileMetaData 结构)，先将 f1 的 allowed_seeks 次数减 1，此时判断如果 allowed_seeks 变量已经小于等于 0 且 Version 中的 file_to_compact_ 成员变量为空，则将 f1 赋值给 file_to_ compact_，并且将 f1 所属层级赋值给 file_to_compact_level_ 变量。

LevelDB 先按策略 1 判断是否需要进行 Compaction 操作，如果策略 1 不满足则通过策略 2 继续判断，如果策略 2 也不满足，则表明暂时不需要进行 Compaction 操作。Compaction 操作相关实现 9.2 节会详细描述，下一节继续讲解版本集合——VersionSet。

9.1.3 VersionSet 机制

通过前文的介绍，可以看到版本中会保存每个层级的文件信息以及判断是否需要更新 Compaction 相关的变量，VersionEdit 是一个中间状态，当进行一次 Compaction 操作后，涉及到的层级会有文件的删除或者增加，此时会将这些变更记录到 VersionEdit 中，最后通过将当前版本与 VersionEdit 合并处理后生成一个新的版本并挂载到一个版本集合中。当一个版本的引用计数为 0（即没有其他地方使用该版本）时，会将该版本从版本集合中删除。版本集合 VersionSet 中的 current_ 成员变量将指向最新的 Version。

VersionSet 类代码位于 db/version_set.h 与 db/version_set.cc，类图如 9-3 所示。

VersionSet 类中的关键成员变量介绍如下。

1）next_file_number_：下一个文件序列号；

2）manifest_file_number_：Manifest 文件的文件序列号；

3）last_sequence_：当前最大的写入序列号；

4）log_number_：Log 文件的文件序列号；

5）current_：当前的最新版本；

6）compact_pointer_：记录每个层级下一次开始进行 Compaction 操作时需要从哪个键开始。

成员变量的具体介绍参考 9.1.1 节，此处不再详细描述。

成员方法中需要重点关注 LogAndApply 和 Recover 两个方法。

当每次进行完 Compaction 操作后，需要调用并执行 VersionSet 中的成员方法 LogAndApply，LogAndApply 主要进行如下几步操作。

1）将当前的版本根据版本变化（VersionEdit）进行处理，然后生成一个新的版本。

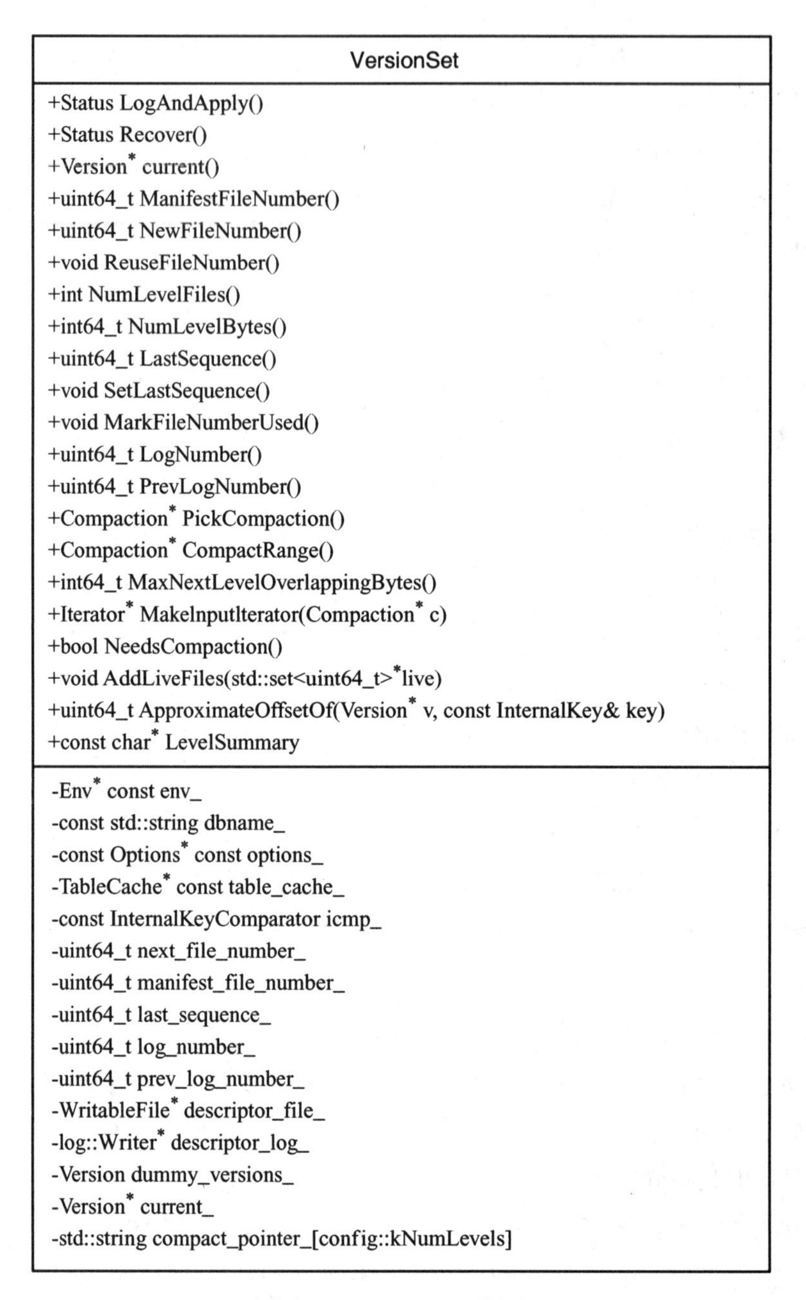

图 9-3　VersionSet 类图

2）将版本变化写入 Manifest 文件。

3）执行 VersionSet 中的 Finalize 方法，对新版本中的 compaction_socre_ 和

compaction_level_ 赋值。

4）将新生成的版本挂载到 VersionSet 的双向链表中，并且将当前版本（current_）设置为新生成的版本。

VersionSet 中的 Recover 方法会根据 Manifest 文件中记录的每次版本变化（调用 VersionEdit 的 DecodeFrom 方法）逐次回放生成一个最新的版本。我们接着介绍 LevelDB 中的 Manifest 文件作用及其生成方法。

9.1.4 Manifest 机制

LevelDB 通过版本以及版本集合来管理元信息。Manifest 就是用来保存元信息的磁盘文件，LevelDB 启动时会先到数据目录寻找一个名为 CURRENT 的文件，该文件中会保存 Manifest 的文件名称，通过读取 Manifest 文件内容即可重建元信息。那么，Manifest 文件中如何保存元信息呢？

实际上，元信息保存格式与 Log 记录格式相同（参考图 6-1），以块为基本单位，每个块为 32 768 字节。元信息的内容为 VersionEdit 结构编码之后生成的字符串（参考 9.1.1 节 VersionEdit 的 EncodeTo 方法）。因为每个版本的生成都是由当前版本与一个 VersionEdit 合并之后生成，因此读取元信息内容之后首先解码为一个个 VersionEdit 结构，然后对一个新的版本逐次应用每个 VersionEdit 即可恢复出当前版本。

至此，我们将与 Compaction 操作密切相关的多版本管理相关结构 VersionEdit、Version 以及 VersionSet 介绍完了，下一节将详细介绍执行 Compaction 操作时如何选取参与文件以及 Compaction 执行过程。

9.2 Compaction 原理

当进行 Compaction 操作时，为了不影响 LevelDB 中键 – 值对的读取和写入，会使用一个单独的线程来执行。执行过程如下：首先选定本次 Compaction 操作需要参与的文件，然后使用归并排序将所有参与文件中的数据排序后输出到新的文件之中，最后将该次变更情况记录到 Manifest 文件并且生成新的版本代表此次 Compaction 操作之后的各层级情况。

9.2.1 触发时机

9.1.2 节介绍了两种 Compaction 的触发策略，通过两种触发策略我们可以相应得出 Compaction 操作的触发时机。

1）键 - 值对的写入：如果内存中的 MemTable 写入超出限制，则会从 MemTable 生成一个 SSTable 并且将其写入 Level 0，此时 Level 0 的文件可能会超出限制，因此会触发第一种策略（即 4.4.3 节的 Write 操作）。

2）键 - 值对的读取：读取的过程中就有可能触发第 2 种策略，即无效的读取数过多（即 4.4.2 节的 Get 操作）。

LevelDB 中的 Compaction 操作实际是一个递归调用的过程，因为每次对 Level *n* 层的 Compaction 操作都会相应改变 Level *n*+1 层的文件大小，从而再次触发下一次 Compaction 操作。当然，是否继续进行下一次 Compaction 操作还要根据 9.1.2 节的两个策略决定。

执行 Compaction 操作的入口方法为 BackgroundCompaction，该方法的代码如下：

```
void DBImpl::BackgroundCompaction() {
  // 是否需要对一个MemTable进行Compaction操作，即将一个MemTable生成为一个SSTable
  if (imm_ != nullptr) {
    CompactMemTable();
    return;
  }
  ...
  //通过PickCompaction方法选取需要参与的文件
  c = versions_->PickCompaction();
  CompactionState* compact = new CompactionState(c);
  //执行Compaction操作
  status = DoCompactionWork(compact);
  ...
  //清理文件
  RemoveObsoleteFiles();
  ...
}
```

首先判断是否需要将一个 MemTable 生成为 SSTable（参考 7.3 节），如果不需要则依次通过 PickCompaction 方法选取本次 Compaction 操作需要参与的文件，接着调用 DoCompactionWork 执行 Compation 流程，最后调用 RemoveObsoleteFiles 删除无用的文件。

接下来的章节依次介绍 Compaction 操作的文件选取、执行流程以及执行 Compaction 操作后清理文件的逻辑。

9.2.2　文件选取

每次进行 Compaction 操作时，首先决定在哪个层级进行该次操作，假设为 Level *n*，接着选取 Level *n* 层参与的文件，然后选取 Level *n*+1 层需要参与的文件，最后对选中的文件使用归并排序生成一个新文件。决定层级 *n* 以及选取 Level *n* 层参与文件的方法为 VersionSet 类中的 PickCompaction 方法，PickCompaction 方法返回的是一个 Compaction 实例，该实例中包含本次 Compaction 操作的相关信息，Compaction 类定义如下：

```
class Compaction {
  ...
  private:
  int level_;//进行本次Compaction操作的层级
  ...
  Version* input_version_;//进行本次Compaction操作时的当前版本
  VersionEdit edit_;//保存本次Compaction操作后的相关文件信息
  ...
  //inputs_[0]代表Level n层参与的文件，inputs_[1]代表Level n+1层参与的文件
  std::vector<FileMetaData*> inputs_[2];
  ...
};
```

该类中的成员变量 level_ 保存本次进行 Compaction 操作的层级；input_version_ 代表当前版本；edit_ 为一个 VersionEdit，用来保存 Compaction 操作后的相关文件信息变更以及元信息；inputs_ 是一个双层数组，inputs_[0] 表示进行本次 Compaction 操作的 Level *n* 层参与的所有文件，inputs_[1] 表示 Level *n*+1 层参与的所有文件，每个文件都用一个 FileMetaData 结构体指针表示。

PickCompaction 方法的代码如下：

```
Compaction* VersionSet::PickCompaction() {
  //current_表示当前的版本
  //判断是否通过第1种策略（size_compaction）触发
  const bool size_compaction = (current_->compaction_score_ >= 1);
  //判断是否通过第2种策略（seek_compaction）触发
```

```
  const bool seek_compaction = (current_->file_to_compact_ != nullptr);
  //优先选取size_compaction
  if (size_compaction) {
    // 如果是size_compaction触发，则根据每个层级的compact_pointer_选取本次
    //Compaction的Level n层文件
    //决定本次Compaction操作的层级并赋值给level变量
    level = current_->compaction_level_;
    c = new Compaction(options_, level);//生成一个Compaction实例
    // 选出第一个在compact_pointer_之后的文件(compact_pointer_记录每个层级上次
    //Compaction操作时的最大值)
    for (size_t i = 0; i < current_->files_[level].size(); i++) {
      FileMetaData* f = current_->files_[level][i];
      if (compact_pointer_[level].empty() ||
      icmp_.Compare(f->largest.Encode(), compact_pointer_[level]) > 0) {
      c->inputs_[0].push_back(f);//将选中的文件放入inputs_[0]数组
      break;
    }
  }
  // 如果通过compact_pointer_没有选取到文件(说明Compaction操作已经对该层键空间遍
  //历完成)，则选取该层级中的第一个文件
  if (c->inputs_[0].empty()) {
    c->inputs_[0].push_back(current_->files_[level][0]);
  }
} else if (seek_compaction) {
  // 如果是因seek_compaction触发，则直接将无效查找次数超出限制的文件选定为本次进行
  //Compaction操作的Level n层文件
  level = current_->file_to_compact_level_;
  c = new Compaction(options_, level);//生成一个Compaction实例
  c->inputs_[0].push_back(current_->file_to_compact_);
} else {
  return nullptr;
}
  c->input_version_ = current_;//将Compaction实例的input_version_设置为当前版本
  c->input_version_->Ref();//将进行此次Compaction操作的版本加1次引用计数
  // Level 0中的特殊处理逻辑
  if (level == 0) {
    InternalKey smallest, largest;
    // 取出inputs_[0]_所有文件中的最小值和最大值，并且分别赋值到smallest与largest
    GetRange(c->inputs_[0], &smallest, &largest);
    // Level 0将所有smallest到largest范围的文件放入inputs_[0]
    current_->GetOverlappingInputs(0, &smallest, &largest, &c->inputs_[0]);
  }
  // 选取Level n+1层需要参与的文件并且放到inputs_[1]中
  SetupOtherInputs(c);
  return c;
}
```

PickCompaction 优先判断第 1 种策略 Version 中的变量 compaction_level_ 决定此次 Compaction 操作的层级，然后通过 Version 中的 compact_pointer_ 决定此次 Level *n* 层需要参与的文件，并且将文件写入 inputs_[0] 变量。

每次执行完 Compaction 操作后会在 Version 中的 compact_pointer_ 成员变量记录本次参与的最大键，便于下次 Compaction 操作时选取该最大键之后的文件。因此 compact_pointer_ 相当于一个游标，据此可以遍历一个层级的键空间。如果没有该游标或者已经遍历完该层的键空间，则会选取 Level *n* 中的第一个文件。

如果第 1 种策略不满足，则判断第 2 种策略。Version 中的变量 file_to_compact_level_ 决定此次 Compaction 操作的层级，变量 file_to_compact_ 就是 Level *n* 层参与的文件。

注意，如果进行的是一个从 Level 0 到 Level 1 的 Compaction 操作，则 Level 0 层文件的选取略有不同。由于 Level 0 中不同文件的键范围有可能重叠，因此需要进行特殊选取，逻辑如下。

1）取出 Level 0 中参与本次 Compaction 操作的文件的最小键和最大键，假设其范围为 [Lkey,Hkey]。

2）根据最小键和最大键对比 Level 0 中的所有文件，如果存在文件与 [Lkey,Hkey] 有重叠，则扩大最小键和最大键范围，并继续查找。

举例说明，假设 Level 0 有 4 个文件：f1、f2、f3、f4，每个文件的键范围分别为 [c,e]，[a,f]，[a,b]，[i,z]。

通过第一步选取的 inputs_[0] 文件是 f1，f1 中的键范围和 f2 有重叠，则扩大最小键和最大键范围到 [a,f]，此时发现 f3 的键范围也和 f2 有重叠，因此最终 inputs_[0] 中的文件包括 f1、f2、f3 三个文件。

为何 Level 0 中需要扩展有键重叠的文件呢？假设有这样一种情况，我们首先写了 d 这个键，在 f2 中的序列号为 10，然后删除了 d，删除操作在 f1 中的序列号为 100，假设 Compaction 操作时只是选取了 f1，则下次查找 d 这个键时先从 Level 0 选取，会读取到 f2 中序列号为 10 的值（实际上该键已经删除），此时会出现错误。

PickCompaction 方法会选定进行本次 Compaction 操作的层级 *n* 以及 Level *n* 层的参与文件，之后会调用 SetupOtherInputs 方法进行 Level *n*+1 层文件的选取，SetupOtherInputs 方法的代码如下：

```
void VersionSet::SetupOtherInputs(Compaction* c) {
  const int level = c->level();//level代表进行本次Compaction操作的层级
  InternalKey smallest, largest;
  ...
  //获取inputs_[0]中所有文件的最大键和最小键,并且分别赋值给largest和smallest
  GetRange(c->inputs_[0], &smallest, &largest);
  // 通过inputs_[0]的最大/最小键查找Level n+1层的文件，并且分别赋值到inputs_[1]中
  current_->GetOverlappingInputs(level + 1, &smallest, &largest,
                                 &c->inputs_[1]);
  // 继续获取inputs_[0]和inputs_[1]中所有文件的最大键和最小键，赋值给all_limit和
  // all_start
  InternalKey all_start, all_limit;
  GetRange2(c->inputs_[0], c->inputs_[1], &all_start, &all_limit);
  // 此处逻辑会尝试扩大Level n层的文件，但前提是不能扩大Level n+1层的文件，并且扩大
  // 之后参与的文件总大小不能超过50MB
  if (!c->inputs_[1].empty()) {
    ...
  }
  //将本次Compaction操作的最大键保存到compact_pointer_中，这样下次Compaction操作
  //时可以通过该值选择需要参与的Level n层的文件
  compact_pointer_[level] = largest.Encode().ToString();
  ...
}
```

当 Level *n* 层和 Level *n*+1 层的文件都已经选定，LevelDB 的实现中有一个优化点，即判断是否可以在不扩大 Level *n*+1 层文件个数的情况下，将 Level *n* 层的文件个数扩大，优化逻辑如下。

1）inputs_[1] 选取完毕之后，首先计算 inputs_[0] 和 inputs_[1] 所有文件的最大 / 最小键范围，然后通过该范围重新去 Level *n* 层计算 inputs_[0]，此时有可能选取到新的文件进入 inputs_[0]。

2）通过新的 inputs_[0] 的键范围重新选取 inputs_[1] 中的文件，如果 inputs_[1] 中的文件个数不变并且扩大范围后所有文件的总大小不超过 50MB，则使用新的 inputs_[0] 进行本次 Compaction 操作，否则继续使用原来的 inputs_[0]。50MB 的限制是防止执行一次 Compaction 操作导致大量的 I/O 操作，从而影响系统性能。

3）如果扩大Level n层的文件个数之后导致Level n+1层的文件个数也进行了扩大，则不能进行此次优化。因为Level 1到Level 6的所有文件键范围不能有重叠，如果继续执行该优化，会导致Compaction之后Level n+1层的文件有键重叠的情况产生。

参与Compaction操作的文件选取完毕之后，就可以进行Compaction操作了。下一节我们继续分析Compaction操作的执行流程。

9.2.3　执行流程

Compaction操作的执行流程可参考db/db_impl.cc文件中的DBImpl::DoCompactionWork方法，其代码如下：

```
Status DBImpl::DoCompactionWork(CompactionState* compact) {
  ...
  //计算最小的序列号，如果Compaction操作过程中有重复写入的键或者是删除的键，需
  //要根据该序列号判断是否可以删除该键
  if (snapshots_.empty()) {
    //如果没有快照，则将当前版本的last sequence赋值为最小的序列号
    compact->smallest_snapshot = versions_->LastSequence();
  } else {
    //否则根据最老的快照获取序列号
      compact->smallest_snapshot = snapshots_.oldest()->sequence_number();
  }
  // 返回一个归并排序迭代器，每次选取最小的键写入文件
  Iterator* input = versions_->MakeInputIterator(compact->compaction);
  ...
  input->SeekToFirst();
  ...
  //遍历迭代器
  while (input->Valid() && !shutting_down_.load(std::memory_order_
acquire)) {
    ...
    //该布尔值判断一个键是否可以删除，如果drop为true，则该键不需要写入新的文件
    bool drop = false;
    ...
    //如果需要写入新文件，则写入一个SSTable文件
    if (!drop) {
      ...
    }
    input->Next();//继续查找下一个最小的键
  }
```

```
  ...
  if (status.ok() && compact->builder != nullptr) {
    //生成一个SSTable文件并且刷新到磁盘
    status = FinishCompactionOutputFile(compact, input);
  }
  ...
  if (status.ok()) {
    //调用VersionSet的LogAndApply方法生成新的版本
    status = InstallCompactionResults(compact);
  }
  ...
}
```

DoCompactionWork 方法的执行步骤如下。

1）计算一个本次 Compaction 操作的最小序列号值，如果有快照，则取最老的快照的序列号，如果没有快照，则选取当前版本 current_ 的序列号。因为快照存在时需要有一个一致性的读取视图，因此如果一个键的序列号比该值大，则该键不能够删除。

2）生成一个归并排序的迭代器，该迭代器会遍历 inputs_[0] 和 inputs_[1] 中的所有文件，每次选取一个最小的键写入新生成的文件。

3）选取键之后，判断该键是否可以删除，两种情况下可以删除一个键。第一种情况为重复写入一个键，因为新键的序列号更大，因此之前被覆盖的键可以删除（当然被删除键的序列号需要小于第一步中计算得到的最小序列号）。第二种情况为删除了一个键（实际上也是写入该键，不过被标记为删除操作），并且更高层级没有该键，则该键可以彻底删除（前提也是该键的序列号需要小于第 1 步中计算得到的最小序列号），即不需要写入新生成的 SSTable。

4）如果该键不需要删除，则将其写入新生成的 SSTable，并且当一个 SSTable 大小大于 2MB 时，将该文件刷新到磁盘并且重新打开一个新的 SSTable。

5）执行 VersionSet 的 LogAndApply 方法，生成一个新的版本并挂载到 VersionSet 中，并且将新版本赋值为当前版本。

通过 Compaction 操作的执行过程，可以看到，Compaction 操作可以物理删除一个需要删除的键或者重复写入的键，有效减小无效的空间占用。当然，除了这个作用外，Compaction 操作还有助于优化 LevelDB 的读取（附录中介绍了该优化原理）。

每次Compaction操作之后会有一些旧文件可以清理，接着我们继续介绍文件清理的逻辑。

9.2.4 文件清理

随着Compaction操作的进行，会有新文件生成，生成新文件之后可以进行旧文件清理。每次当一个MemTable生成SSTable并刷新到磁盘之后，该MemTable对应的日志也可以进行删除。LevelDB中负责清理文件的是RemoveObsoleteFiles方法，该方法的代码如下：

```
void DBImpl::RemoveObsoleteFiles() {
  // 将所有正在执行Compaction操作的文件，以及版本集合中所有版本的文件都放到live集合中
  std::set<uint64_t> live = pending_outputs_;
  versions_->AddLiveFiles(&live);
  // 将所有数据目录下的文件都放入filenames数组中
  std::vector<std::string> filenames;
  env_->GetChildren(dbname_, &filenames);
  uint64_t number;//文件序列号
  FileType type;  //文件类型
  std::vector<std::string> files_to_delete;// 保存可以进行删除的文件
  // 遍历所有文件，判断是否可以删除
  for (std::string& filename : filenames) {
   // 将每个文件的序列号和类型解析到number和type变量中
   if (ParseFileName(filename, &number, &type)) {
     bool keep = true;// keep变量决定一个文件是否需要保存
     switch (type) {
       case kLogFile:
       // 删除文件序列号小于VersionSet的log_number_且不等于prev_log_number_的
       // 日志文件
       keep = ((number >= versions_->LogNumber()) ||
               (number == versions_->PrevLogNumber()));
       break;
     case kDescriptorFile:
       // Manifest文件
       // 旧的Manifest文件可以删除
       keep = (number >= versions_->ManifestFileNumber());
       break;
     case kTableFile:
       // SSTable文件
       // 没有参与当前Compaction操作并且不在版本集合中的SSTable文件可以删除
       keep = (live.find(number) != live.end());
       break;
```

```
        case kTempFile:
          // 临时文件
          keep = (live.find(number) != live.end());
          break;
        case kCurrentFile:
        case kDBLockFile:
        case kInfoLogFile:
          keep = true;
          break;
        }

        if (!keep) {
          //将keep值为false的文件放入files_to_delete数组
          files_to_delete.push_back(std::move(filename));
          if (type == kTableFile) {
          //如果是SSTable文件，则将其从LRU Cache中删除
          table_cache_->Evict(number);
          }
        ...
      }
    }
  }
  ...
  // 删除所有可以删除的文件
  for (const std::string& filename : files_to_delete) {
    env_->RemoveFile(dbname_ + "/" + filename);
  }
  ...
  }
```

RemoveObsoleteFiles 将正在进行 Compaction 操作的 SSTable 文件和版本集合的所有版本中的 SSTable 文件放入 live 集合中，并将数据目录下的所有文件放入 filenames 数组中。依次遍历 filenames 数组中的文件，解析文件名称得出文件序列号以及文件类型，可以删除所有小于 VersionSet 中 log_number_ 的日志文件，以及所有不在 live 集合中的 SSTable 文件。将所有可以删除的文件放入 files_to_delete_ 数组，RemoveObsoleteFiles 方法最后会遍历该数组并且删除文件。

9.3 小结

我们首先介绍了 LevelDB 中多版本管理相关的3个重要结构：VersionEdit、Version 和 VersionSet，版本概念会贯穿 LevelDB 中的各个环节。接着讲解 Compaction 操作的触发时机、文件选取、执行过程以及执行完毕后无用文件的清理。

本章的概念对于学习 LevelDB 至关重要，因此需要重点理解。

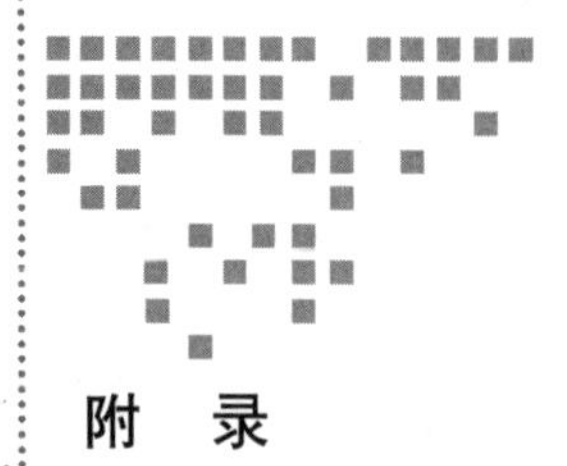

Appendix 附　录

LevelDB 的演进

本附录将简单介绍 RocksDB 的产生及其对 LevelDB 的优化。

Facebook 的 Dhruba Borthakur 于 2012 年基于 LevelDB 创建了 RocksDB。创建初衷是使 RocksDB 能够充分利用多个 CPU 核心并且专门针对快速存储（例如 SSD）做了优化。RocksDB 和 LevelDB 一样，仍旧只是一个 C++ 语言编写的库，而非一个分布式数据库，但是它作为存储引擎广泛应用到了多种主流的分布式数据库中，例如 Cassandra、MongoDB、SSDB、TiDB。

RocksDB 使用了一个插件式的架构，这使得它能够通过简单的扩展适用于各种不同的场景。插件式架构主要体现在以下几个方面。

1）不同的压缩模块插件：例如 Snappy、Zlib、BZip 等（LevelDB 只使用 Snappy）。

2）Compaction 过滤器：一个应用能够定义自己的 Compaction 过滤器，从而可以在 Compaction 操作时处理键。例如，可以定义一个过滤器处理键过期，从而使 RocksDB 有了类似过期时间的概念。

3）MemTable 插件：LevelDB 中的 MemTable 是一个 SkipList，适用于写入和范围扫描，但并不是所有场景都同时需要良好的写入和范围扫描功能，此时用 SkipList 就有点大材小用了。因此 RocksDB 的 MemTable 定义为一个插件式结构，可以是 SkipList，也可以是一个数组，还可以是一个前缀哈希表（以字符串前缀进行哈希，哈希之后寻找桶，桶内的数据可以是一个 B 树）。因为数组是无序的，所以大批量写入比使用 SkipList 具有更好的性能，但不适用于范围查找，并且当内存中的数组需要生成为 SSTable 时，需要进行再排序后写入 Level 0。前缀哈希表适用于读取、写入和在同一前缀下的范围查找。因此可以根据场景使用不同的 MemTable。

4）SSTable 插件：SSTable 也可以自定义格式，使之更适用于 SSD 的读取和写入。

除了插件式架构，RocksDB 还进行了一些写入以及 Compaction 操作方面的优化，主要有以下几个方面。

1）线程池：可以定义一个线程池进行 Level 0 ~ Level 5 的 Compaction 操作，另一个线程池进行将 MemTable 生成为 SSTable 的操作。如果 Level 0 ~ Level 5 的 Compaction 操作没有重叠的文件，可以并行操作，以加快 Compaction 操作的执行。

2）多个 Immutable MemTable：当 MemTable 写满之后，会将其赋值给一个 Immutable MemTable，然后由后台线程生成一个 SSTable。但如果此时有大量的写入，MemTable 会迅速再次写满，此时如果 Immutable MemTable 还未执行完 Compaction 操作就会阻塞写入。因此 RocksDB 使用一个队列将 Immutable MemTable 放入，依次由后台线程处理，实现同时存在多个 Immutable MemTable。以此优化写入，避免写放大，当使用慢速存储时也能够加大写吞吐量。

LevelDB、RocksDB 及将二者作为存储引擎的分布式数据库已经广泛应用于各大互联网公司中，为互联网的发展做出了卓越的贡献。

或许，这就是开源的魅力吧。

推荐阅读

Mastering LevelDB
精通LevelDB

Principle, Architecture and Practice of Distributed Database
分布式数据库
原理、架构与实践

DBA攻坚指南
左手Oracle，右手MySQL

Guide To Expert, The Pragmatic PostgreSQL
PostgreSQL修炼之道
从小工到专家
第2版

Efficient Database Optimization
数据库高效优化
架构、规范与SQL技巧

ClickHouse
原理解析与应用实践
ClickHouse Principle and Practice

InfluxDB Principle and Practice
InfluxDB原理与实战

HBase Principle and Practice
HBase 原理与实践

Redis 5设计与源码分析

推荐阅读

R语言数据分析
与挖掘实战

Hadoop大数据分析
与挖掘实战

R and Data Mining
R语言与数据挖掘

Python and Data Mining
Python与数据挖掘

Hadoop and Big Data Mining
Hadoop与大数据挖掘

Get Start with the Intelligent Data Analysis by Python3
Python3智能数据分析
快速入门

Python数据分析
与数据化运营

Python深度学习
基于PyTorch

Python数据分析
与挖掘实战